世界建筑旅行地图
TRAVEL ATLAS OF WORLD
ARCHITECTURE

SWITZERLAND

瑞士

张博 编著

中国建筑工业出版社

图书在版编目（CIP）数据

瑞士／张博编著 .—北京：中国建筑工业出版社，2017.12
（世界建筑旅行地图）
ISBN 978-7-112-21001-5

Ⅰ. ①瑞…　Ⅱ. ①张…　Ⅲ. ①建筑艺术－介绍－瑞士
Ⅳ. ① TU-865.22

中国版本图书馆 CIP 数据核字 (2017) 第 169077 号

总体策划：刘丹
责任编辑：刘丹　张明
书籍设计：晓笛设计工作室　刘清霞　张悟静
责任校对：李欣慰　焦乐

世界建筑旅行地图

瑞士

张博　编著

出版发行：中国建筑工业出版社（北京海淀三里河路 9 号）
经销：各地新华书店、建筑书店

制版：北京新思维艺林设计中心
印刷：北京富诚彩色印刷有限公司
开本：787×1092 毫米　1/32
印张：10
字数：689 千字
版次：2018 年 5 月第一版
印次：2018 年 5 月第一次印刷

书号：ISBN 978-7-112-21001-5 (30612)
定价：78.00 元

目录 Contents

——————— 特别注意　Special Attention

——————— 本书登载了一定数量的个人住宅与集合住宅。在参观建筑时请尊重他人隐私、保持安静，不要影响居住者的生活，更不要在未经允许的情况下进入住宅领域。

谢谢合作！

——————— 本书登载的地图信息均以 Mapbox 为基础制作完成。

前言　Preface

2010 年的冬天，我前往德国，独自沿着科隆附近的乡间小路，双脚泥泞，如信徒般站在卒姆托的克劳斯兄弟小教堂前，看修女走过、小狗绕圈、飞机划出尾巴、出租车女司机在远处不耐烦地抽着烟等我。那是我第一次出国旅行。

把〝看房子〞作为旅行的主题，是每个建筑人逃脱不掉的宿命。有时我们会刻意摆脱它，毕竟〝建筑〞只是〝旅行〞的一个定语，它刨除了万千世相，执着于物化的目的；但更多时候，我们忘不掉单反相机，甚至带着技术图纸，妄图通过与建筑的一次浸入式交往，洞悉设计者的匠心，虽然往往走马观花，甚至被拒之门外。

瑞士这个国度令我更深地体会到了建筑旅行的乐与痛，三两好友，乘几个小时的瑞铁到达雪山深处的村庄，等待与伟大建筑迎面相逢，或惊喜，或失落，这些充沛的情绪或途中的小意外令旅行不再是按部就班的团队游览，令旅行成为旅行。最激动的时刻莫过于在街道的转角，不经意间找到一座好房子。它也许无名，甚至简陋，但那一次的相逢，令你当下顿悟，为一扇窗、一步台阶、一个门把手而热泪盈眶。

如果一定要为瑞士建筑贴上标签，我会把它当作中国建筑的一个对照：和平短暂的联邦历史，完整保留的文化自然遗产，直接民主与公众参与的政治传统，多元均富的社会结构，坚守百年的工匠精神，精湛的建造工艺，而最重要的，是整个社会对建筑学的重视以及建筑师内部对现代主义的传承与革新。在这样的背景下，这个全国人口不及北京一半的国家诞生了一系列让人高山仰止的建筑师、理论家与建筑作品。这份长长的名单中有勒·柯布西耶 (Le Corbusier)、获得普利兹克奖的马里奥·博塔 (Mario Botta)、赫尔佐格与德梅隆 (Herzog & de Meuron)、彼得·卒姆托 (Peter Zumthor)、当红的吉贡·古耶 (Gigon Guyer)、瓦莱里奥·奥尔加提 (Valerio Olgiati)、克里斯蒂安·克雷兹 (Christian Kerez) 等等。

瑞士建筑远不止于刻板印象的〝瑞士盒子〞，在简洁的形式和清晰的建构背后是对场所、文脉、氛围、感官的多层次应答。本书中除收录了以上著名建筑师的作品外，还特别加入了大量代表高山地区自然需求的交通建筑，如约格·康策特 (Jurg Conzett)、罗伯特·马亚尔 (Robert Maillart) 设计的桥梁建筑，代表传统村落更新的吉翁·卡米那达 (Gion Caminada)，以及城市片区更新、瑞士特色的住房合作社集合住宅 (Housing Cooperatives) 等，共计 230 位建筑师，近460 件作品。

在收集资料的过程中，我越发苦恼地发现这份名录还远无法涵盖瑞士建筑的全部。作为一个城市研究者，我更期待这本书和建筑旅行一样，成为一片开放的森林，激发着人们去探索、发现、寻找隐藏在掩映叶片下闪闪发亮的露珠，看那道光打开一扇门，它通往吾田待耕的故土家园，通往设计传说的〝祛魅〞通道，通往认知自我的〝超人〞之路。

张博

2017.05

本书的使用方法　Using Guide

注：使用本书前请仔细阅读。

❶ 大区域地图显示范围
❷ 该城市在全国的位置
❸ 州名
❹ 入选建筑及建筑师
❺ 特别推荐
❻ 大区域地图
显示了入选建筑在该地区的位置，所有地图方向均为上北下南，一些地图由于版面需要被横向布置。
❼ 小区域地图显示范围
❽ 建筑编号
各个地区都是从01开始编排建筑序号。
❾ 小区域地图
本书收录的每个建筑都有对应的小区域地图，*在参观建筑前，请参照小地图比例尺所示的距离选择恰当的交通方式。对于离车站较远的建筑，请参照网站所示的交通方式到达，或查询相关网络信息。*
❿ 建筑名称
⓫ 车站类型及名称
一般为离建筑最近的车站名称，*但不是所有的建筑都是从标出的车站到达，请根据网络信息及距离选择理想的交通方式，*名称用德/法/意大利语表示。

🚆 火车站
🚋 有轨电车站
🚌 公交车站
🚠 缆车站

⓬ 笔记区域
⓭ 比例尺
根据建筑位置的不同，每张图有自己的比例，使用时请参照比例距离来确定交通方式。
⓮ 建筑名称及编号
⓯ 推荐标志
⓰ 建筑名称（中／德法意）
⓱ 建筑师
⓲ 开放时间
⓳ 备注
作为辅助信息，标出了有官方网站的建筑的网址。一般美术馆的休馆日为周一及法定节假日，参观建筑之前，请参照各馆网站上的具体信息来确认休馆日、开放时间、是否需要预约等。团体参观一般需要提前预约。
⓴ 建筑实景照片
㉑ 所在地址（德/法/意）
㉒ 建筑所属类型
㉓ 建成年代
㉔ 建筑名称
㉕ 建筑简介

❶ 大区域地图显示范围　❷ 该州在全国的位置　❸ 州名　❹ 入选建筑及建筑师　❺ 特别

世界建筑旅行地图·瑞士　　**14**

01 · 日内瓦州
建筑数量：17

01 鸟舍 / group8
02 日内瓦人种学博物馆新馆 / Graber Pulver Architekten
03 Hans-Wilsdorf 桥 / Atelier d'architecture Brodbeck-Roule
04 国际红十字会中心 / group8
05 万国宫
06 世界知识产权组织会议大楼 / Behnisch Architekten
07 William Rappard 中心加建 / group8
08 日本烟草国际公司大楼 / SOM ✓
09 Campus Biotech 中心 / MurphyJahn
10 学生公寓 / Lacroix Chessex
11 圣三一教堂 / Ugo Brunoni
12 Schtroumpfs 住宅 ✓
13 光明公寓 / 勒·柯布西耶
14 宝盛银行 / 马里奥·博塔
15 马丁·博德默基金会 / 马里奥·博塔 ✓
16 历峰集团总部大楼 / 让·努韦尔
17 欧洲核子研究中心 / Hervé Dessimoz, Thomas Büchi

❻ 大区域地图　　❼ 小区域地图显示范围　❽ 建筑编号

❾ 小区域地图 ❿ 建筑名称

avel Atlas of World Architecture Switzerland   15   Geneva 日内瓦州

⓫ 车站类型及名称

⓬ 笔记区域

⓭ 比例尺

❸ 鸟舍
Volière Du Bois-De-La-Bâtie

建筑师：group8
地址：Chemin de la Bâtie, 1202 Genève
类型：其他
年代：2008

❸ 日内瓦人种学博物馆新馆 ✪
Musée d'Ethnographie de Genève (MEG)

建筑师：Graber Pulver Architekten
地址：Boulevard Carl-Vogt 65-67, 1205 Genève
类型：文化建筑
年代：2014
开放时间：11:00-18:00
备注：meg-geneve.ch

⓮ 建筑名称及编号
⓯ 推荐标志
⓰ 建筑名称（中/德法意）
⓱ 建筑师

⓲ 开放时间
⓳ 备注
⓴ 建筑实景照片

❸ Hans-Wilsdorf 桥
Pont Hans-Wilsdorf

建筑师：Atelier d'architecture Brodbeck-Roule
地址：Pont Hans-Wilsdorf 1227 Genève
类型：交通建筑
年代：2012

㉑ 所在地址（德法意）
㉒ 建筑所属类型
㉓ 建成年代

建筑名称 ㉕ 建筑简介

所选各城市的位置及编号　Location and Sequence in Map

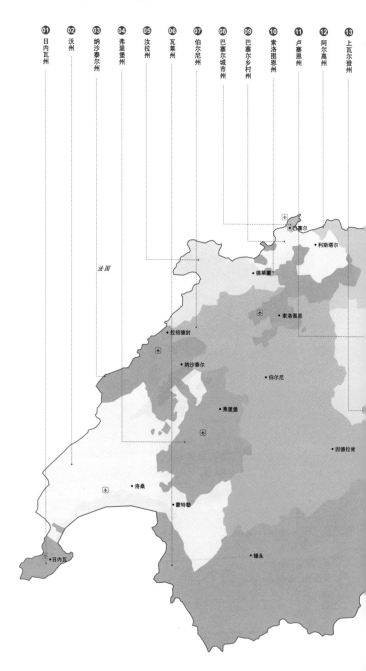

01 日内瓦州
02 沃州
03 纳沙泰尔州
04 弗里堡州
05 汝拉州
06 瓦莱州
07 伯尔尼州
08 巴塞尔城市州
09 巴塞尔乡村州
10 索洛图恩州
11 卢塞恩州
12 阿尔高州
13 上瓦尔登州

法国

• 巴塞尔
• 利斯塔尔
• 德莱蒙
• 索洛图恩
• 拉绍德封
• 纳沙泰尔
• 伯尔尼
• 弗里堡
• 因德拉肯
• 洛桑
• 蒙特勒
• 日内瓦
• 锡永

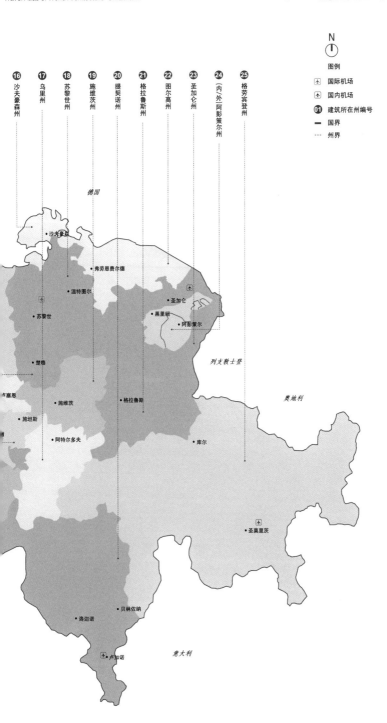

N

图例

国际机场

国内机场

建筑所在州编号

—— 国界

--- 州界

⑯ 沙夫豪森州
⑰ 乌里州
⑱ 苏黎世州
⑲ 施维茨州
⑳ 提契诺州
㉑ 格拉鲁斯州
㉒ 图尔高州
㉓ 圣加仑州
㉔ (内/外)阿彭策尔州
㉕ 格劳宾登州

德国

沙夫豪森

弗劳恩费尔德

温特图尔

苏黎世

楚格

与塞恩

施维茨

施坦斯

阿特尔多夫

圣加仑

黑里绍

阿彭策尔

列支敦士登

格拉鲁斯

库尔

奥地利

圣莫里茨

贝林佐纳

落迦诺

卢加诺

意大利

日本興業銀行本店本社ビル / SOM

日内瓦州
Geneva

01 · 日内瓦州
建筑数量：17

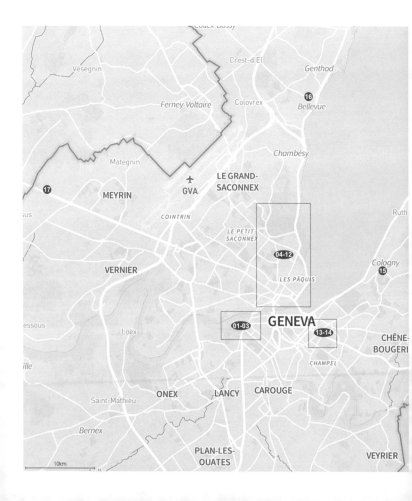

⑴ 鸟舍
Volière Du Bois-De-La-Bâtie

建筑师：group8
地址：Chemin de la Bâtie, 1202 Genève
类型：其他
年代：2008

鸟舍

鸟舍位于 Bois de la Bâtie 公园的水塘边，设计采用了少见的形式：模仿树林形状的钢柱支撑起不规则轮廓的轻薄混凝土屋顶，不锈钢网的围合勾勒出剧院的幕布，使其消隐于湖畔的自然环境之中。

⑵ 日内瓦人种学博物馆新馆 ❂
Musée d'Ethnographie de Genève (MEG)

建筑师：Graber Pulver Architekten
地址：Boulevard Carl-Vogt 65-67, 1205 Genève
类型：文化建筑
年代：2014
开放时间：11:00-18:00
备注：meg-geneve.ch

日内瓦人种学博物馆新馆

成立于 1901 年，拥有瑞士最大的人种学收藏。由于城市环境和功能需要，大部分空间被置于地下，地面上充满标志性的斜面和深远檐口受到东南亚佛塔建筑启发，菱形的铝板立面形成连续的表皮，突出入口的庭院。地下采用支撑墙体实现整个展厅的无柱空间。

⑶ Hans-Wilsdorf 桥
Pont Hans-Wilsdorf

建筑师：Atelier d'architecture Brodbeck-Roule
地址：Pont Hans-Wilsdorf 1227 Genève
类型：交通建筑
年代：2012

Hans-Wilsdorf 桥

新桥取代了 1952 年建成的旧桥，并由车行桥转变为步行桥。跨度达 85 米，高达 8.5 米，混凝土桥面，由椭圆形环状钢结构单元组成不规则的网架，夜晚的红色灯光与银色外观相得益彰。

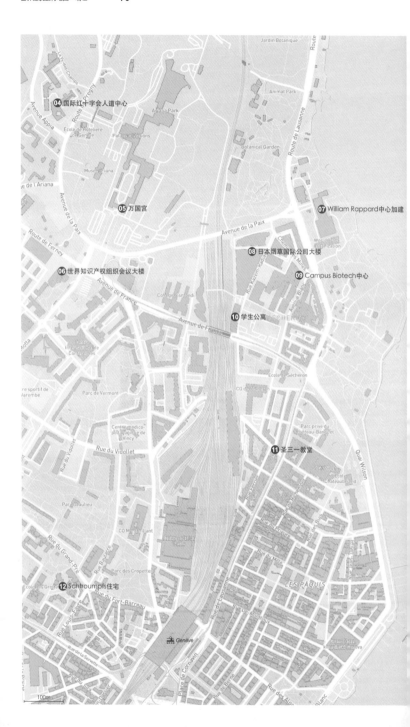

⑭ 国际红十字会中心
Humanitarium

建筑师：group8
地址：Avenue de la Paix 17
– 19, 1202 Geneva
类型：办公建筑
年代：2013

国际红十字会中心

新入口和餐厅位于两座历史建筑之间，节制朴素的策略，将两层办公会议空间置于坡地的覆土之下，地面层的不规则平面则为博物馆空间。

万国宫

坐落于日内瓦湖畔的阿丽亚娜（Ariana）公园之中，自1966年以来，作为联合国欧洲总部，因而是国际领土。通过几次扩建，建筑的长度一直延伸到600米，内设34间会议厅以及大约2800间办公室。每年举行近8000次国际会议，个别空间对公众开放。

⑮ 万国宫
Palais des Nations

建筑师：Carlo Broggi
Julien Flegenheimer
Camille Lefèvre
Henri Paul Nénot
Joseph Vago
地址：Avenue da la Paix 14
Portail de Pregny
1202 Genève
类型：办公建筑
年代：1929
http://www.unog.ch/

世界知识产权组织会议大楼

坐落于WIPO2011年同样由Behnisch Architekten设计的办公楼旁，可容纳900人，地面层的大厅将二层的会议厅举起，形成雕塑感的洞口c型造型，延续花园的景观，30米长的木结构悬挑挑战了木结构的极限，该中心的座位排布、材质的选择营造舒适、友好的氛围。

⑯ 世界知识产权组织会议大楼
WIPO Conference Hall

建筑师：Behnisch
Architekten
地址：Chemin des
Colombettes 34，1202
Genève
类型：办公建筑
年代：2014

William Rappard 中心加建

作为WTO组织总部的一部分，对原有的旧建筑进行了整体的改造，除翻新的办公空间外，改造重点是南北两个庭院，北庭院1000平方米面积采用ETFE屋顶转变为白色的室内庭院，南侧的室外庭院则采用覆土将会议空间置于地下。

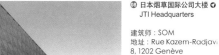

⑰ William Rappard 中心加建
Centre William Rappard

建筑师：group8
地址：Rue de Lausanne
154, 1202 Genève
类型：办公建筑
年代：2012

日本烟草国际公司大楼

在该大楼设计中，SOM从日内瓦湖、阿尔卑斯山和周边环境受到启发，将景观、公共设施和办公空间结合，建筑条形体量两个对角抬起，将内部庭院对外展开，深远的悬挑空间和三角堆叠的立面单元、屋顶花园创造了丰富的空间效果。

⑱ 日本烟草国际公司大楼 ⊘
JTI Headquarters

建筑师：SOM
地址：Rue Kazem-Radjavi
8, 1202 Genève
类型：办公建筑
年代：2015

⑨ Campus Biotech 中心
Campus Biotech

建筑师：Murphy Jahn
地址：Boulevard Georges-
Favon 45, 1204 Geneva
类型：办公建筑
年代：2006

⑩ 学生公寓
Maison des Etudiants

建筑师：Lacroix Chessex
地址：Avenue de France
22
1202 Genève
类型：居住建筑
年代：2012

⑪ 圣三一教堂
Église Sainte-Trinité

建筑师：Ugo Brunoni
地址：Rue Ferrier 16 1202
Genève
类型：宗教建筑
年代：1994

⑫ Schtroumpfs 住宅 ⊘
The Schtroumpfs
Buildings

建筑师：Robert Frei,
Christian Hunzicker,
Georges Berthoud
地址：23-29 Rue Louis
Favre, Geneva
类型：居住建筑
年代：1982-1984

Campus Biotech 中心

不规则的地块上整合了实验室、餐厅和咖啡厅、商店、礼堂、会议中心等大量功能，所有空间围绕中央玻璃可变屋顶下的巨大中庭，使室外空间与室内无缝衔接，大量高品质的玻璃幕墙所组成的开放空间营造着交流的场所。

学生公寓

坐落于铁路线旁，长条形的公寓楼如若干垒起的平台漂浮于空间中，沿铁路一侧为弧线形的阳台，面向城市一侧为折线形，地面平台与火车站天桥整合连接，高低起伏的栏板作为对铁路噪声的遮挡。

圣三一教堂

教堂由 20 米直径的粉色花岗石体量组成，是罗马天主教在日内瓦设立的最后一个教堂，水面上的球体象征着三位一体，同时隐喻着生命与繁衍，12 个彩虹颜色的窗户照亮了整个教堂。

Schtroumpfs 住宅

坐落于热闹的 Les Grottes 街区，三位建筑师设计的集合住宅社区令人联想到高迪和白水先生；没有一条直线的外墙、轻盈的阳台、铸铁栏杆、鲜艳的颜色，如同蓝精灵的蘑菇屋，这也是其名字的由来。

光明公寓

柯布西耶与其侄子合作设计的先锋作品，拥有48套公寓及办公室。采用钢结构和铸铁的玻璃幕墙以获得最充足的采光，除室外造型，柯布还设计了室内的家具。在当时的年代，无论跃层户型还是屋顶花园都具有革命性的意义。

宝盛银行

博塔在该建筑设计中采用了意大利的蜜色石材作为立面，长条形体量嵌入狭窄的基地，端部分为两个有巨大方形洞口的塔楼，立面节制的开窗增强了体量感，玻璃天窗补充了采光的不足，圆形的入口小广场和圆窗突出了仪式性。

⑬ **光明公寓** ⊘
Immeuble Clarté

建筑师：勒·柯布西耶
地址：Rue Saint-Laurent 2-4
1207 Genève
类型：居住建筑
年代：1932
备注：世界文化遗产（未开放参观）

⑭ **宝盛银行**
Julius Bär bank

建筑师：马里奥·博塔
地址：Avenue de Frontenex 30, 1211 Geneve 3
类型：商业建筑
年代：1987

⋯⋯⋯⋯⋯⋯⋯⋯⋯⋯⋯⋯⋯⋯⋯⋯⋯⋯⋯⋯⋯⋯⋯⋯⋯⋯

⑮ 马丁·博德默基金会 ⊙
Fondation Bodmer

建筑师：马里奥·博塔
地址：Route Martin-
Bodmer 19
1223 Cologny
类型：文化建筑
年代：2003
开放时间：周二至周日 14:00-
18:00，周一关门
备注：fondationbodmer.ch

马丁·博德默基金会

收藏了大量东西方历史
手稿。整个庭院位于俯瞰
日内瓦湖面的平台上，博
塔在设计中将展厅置于
地下，以混凝土建造的下
沉庭院作为建筑入口，强
化了地面轴线表示对两
座历史建筑文脉的尊重。

⑯ 历峰集团总部大楼
Siège social de Richemont

建筑师：让·努韦尔
地址：Chemin de la
Chênaie 50, 1293 Bellevue
类型：办公建筑
年代：2006
备注：http://www.
cinematheque.ch/e/

历峰集团总部大楼

设计理念来源于对周边
自然环境和老房子的尊
重，三个线性办公空间
在两个通长的庭院组织
下获得了最大的开放性
和透明性，融入树木丛
生的自然景观。

⑰ 欧洲核子研究中心
CERN-The Globe of
Science and Innovation

建筑师：Hervé Dessimoz
Thomas Büchi
地址：Square Galileo Galilei,
Route de Meyrin 385, 1217
Meyrin
类型：科教建筑
年代：2004
开放时间：周一至周六 11:00-
17:00
备注：fondationglobe.ch

欧洲核子研究中心

世界上最大的粒子物理
学实验室欧洲核子研究
中心（CERN）坐落于日
内瓦郊区，其访客中心展
示其最新的研究成果。关
全木造的穹顶结构，直
径达 40 米，高度 29 米，象
征地球。建筑采用了 5 种
木材进行建造，穹顶大
厅外环绕着坡道，以及
覆盖木格栅的木肋骨架。

Schtroumpfs (F.E.) / Robert Frei, Christian Hunziker, Georges Berthoud

劳力士学习中心 / SANAA

沃州 Vaud

02 · 沃州
建筑数量：18

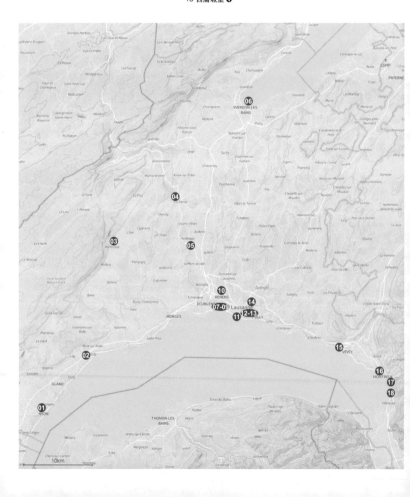

⓵ 尼昂教堂
Katholische Kirche Nyon

建筑师：Suard Jacques
地址：Rue de la
Colombière 18
1260 Nyon
类型：宗教建筑
年代：1977

尼昂教堂

八角形平面形成南北轴
线，木结构的屋顶间的
缝隙引入北向天光，将
木肋直接暴露于室内，白
色墙面自由排列，北侧
微妙高差的不规则阶梯
形成前广场。

⓶ 罗什表演艺术中心
Carnal Hall at Le Rosey

建筑师：伯纳德·屈米
地址：Le Rosey, 1180 Rolle
类型：观演建筑
年代：2014

罗什表演艺术中心

通过集中式的处理将多
种功能汇聚于巨大的金
属穹顶之下，建筑分为
三个层次，首先是钢结
构和不锈钢板的表皮；其
次是两层混凝土的办公
空间，核心为木结构的
音乐厅实体。底层开放
的平面与周边的自然环
境连为一体。

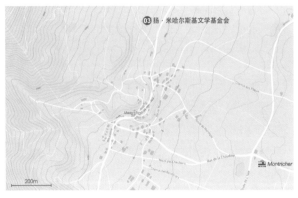

⑬ 扬·米哈尔斯基文学基金会
Fondation Jan Michalski
pour l'écriture et la
littérature

建筑师：Mangeat Wahlen
地址：Bois-Désert
1147 Montricher
类型：文化建筑
年代：2013
坐标：46° 36'28.6"N,
6° 22'38.3"E

⑭ 圣罗普小教堂
Chapelle De St-Loup

建筑师：Localarchitecture
地址：Route de St-Loup -
1318 Pompaples
类型：宗教建筑
年代：2008
坐标：46° 40'02.9"N,
6° 30'11.8"E

扬·米哈尔斯基文学基金会

基地选于布瓦沙漠，面对湖水与阿尔卑斯山脉，为写作和思考提供安静的场所，群落式的平面组织包含了起居、卧室、图书馆、展览、报告等多种功能。新建的密集柱阵形成了有机曲线的灰空间，如湖水波光粼粼，又如森林，与原建筑产生了巨大张力。

圣罗普小教堂

新建的社区临时教堂作为原教堂改建时使用，建筑师采用了创新的木折板结构，通过电脑生成形体，计算受力，并对6cm 厚的木板进行数码切割。最后形成的不规则形态容纳了内部的大空间，并与环境形成对话。

瑞士电影资料馆

新馆延续了原功能主义建筑的体量，并将其转化为三条平行但不同长度的体量，采用锈板表皮，形成矛盾的并置。端头立面以斜面为终止，使整个建筑有了表情。

九亭

位于 Parc des Rives 公园中，曾是一片沼泽，经过整治后，公园两端分别开凿水渠，设计师添加一条沿水渠的步行道，并将 9 个小亭子分散布置于道路两侧，亭子全部由木板根据柱梁结构建造，每个亭有两片承重墙和倾斜的屋顶，并分别设置不同的功能如卫生间、音乐站、野餐桌、冥想室等

⑮ 瑞士电影资料馆
Cinématheque Suisse

建筑师：EM2N
地址：Chemin de la Vaux 1
1303 Penthaz
类型：文化建筑
年代：2014
备注：http://www.
cinematheque.ch/e/

⑯ 九亭
9 PAVILIONS

建筑师：Localarchitecture
地址：Chemin des Bosguets
1400 Yverdon-les-bains
类型：其他
年代：2007

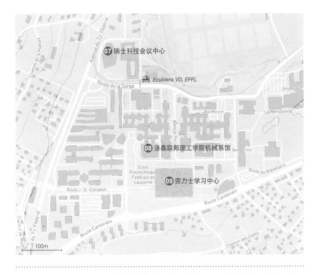

瑞士科技会议中心

未来感金属外壳的会议中心与东侧的学生公寓共同组成了校园的综合体设施，并与南侧的地铁站相连，围合出不同层级的公共庭院，巨大的尺度被不同高度的体量所化解，外立面的彩色玻璃条提示内部更加鲜活的内院。

洛桑联邦理工学院机械系馆

2000 年 EPFL 校园更新的一部分，在原建筑的基础上，加入纵深的通高中庭，将两翼办公教学空间串联起来，黑色挑出的灯具、交错的楼梯等营造了活跃的氛围，外立面以倾斜可滑动的金属网作为单元，凸显机械主题，夸张的造型突出了入口空间。

劳力士学习中心

位于洛桑联邦理工学院的入口，该学习中心作为学生学习、获取信息和生活的综合建筑，包括校图书馆、900 个不同定位的自习座位和讨论区、餐厅、多功能厅等，由 SANNA 设计的单层建筑如波浪般起伏，若干曲线形洞口组织采光与交通，室外巨大跨度的开放流动空间反映到室内不断变化的高差和坡道上，充满流动性的扁平空间创造出全新的开放学习体验。

⑦ 瑞士科技会议中心
SwissTech Convention Center

建筑师：Richter Dahl Rocha & Associés
地址：Rue Louis Favre, 1024 Ecublens
类型：观演建筑
年代：2014

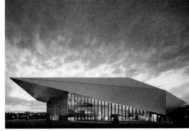

⑧ 洛桑联邦理工学院机械系馆
New Mechanics Hall ME Building, EPFL

建筑师：Dominique Perrault
地址：Route des Noyerettes 1015 Lausanne
类型：科教建筑
年代：2016

⑨ 劳力士学习中心 ❤
Rolex Learning Center

建筑师：SANAA
地址：Route des Noyerettes 1015 Lausanne
类型：科教建筑
年代：2010
开放时间：可免费进入参观，7:00-19:00
备注：http://rolexlearningc enter.epfl.ch

劳力士学习中心·平面图

勒南市场

新建的市场雨棚沿一边道路设置，采用最厚达15厘米的混凝土折板围绕沿边种植的5棵树，如同被树支撑起来，体现结合自然与建筑的主旨，塑造勒南城镇的中心休憩空间，吸引市场上多种多样的活动。

卡德尔礼堂

瑞士重要的现代主义建筑师 Jean Tschumi 作品。该礼堂原作为 EPFL 的讲堂，与工程师的合作设计完成了混凝土壳体结构，长方形的平面两端抬起，高大的玻璃窗将自然景色引入大厅，礼堂本身为椭圆形，占据平面中心。

⑩ **勒南市场**
New Cover Of Renens's Market Square

建筑师：Localarchitecture
地址：Rue du Midi
1020 Renens
类型：其他
年代：2011

⑪ **卡德尔礼堂**
Aula Des Cedres

建筑师：Jean Tschumi
地址：Avenue de Cour 33
1007 Lausanne
类型：观演建筑
年代：1961

⑫ Miroiterie 购物中心
Miroiterie Flon

建筑师：Brauen + Wälchli
地址：Voie du Chariot, Lausanne
类型：商业建筑
年代：2007

⑬ 弗隆车站 ✪
Interface Flon Railway and Metro Station

建筑师：伯纳德·屈米
地址：Place de l'Europe 1000 Lausanne
类型：交通建筑
年代：1994-2001

⑭ La Sallaz 人行天桥
La Sallaz Footbridge

建筑师：2b architectes
地址：Passerelle de la Sallaz, 1010 Lausanne
类型：交通建筑
年代：2012

Miroiterie 购物中心

Flon 街区更新的重要组成部分，三角形的立面膜单元由四层结构组成，其中三层为气垫层，外层为 PTFE 玻璃纤维材料，内层采用透光的 ETFE 材料，夜间与灯光结合。底层则面向城市开放。

弗隆车站

整体的城市设计通过坡道、天桥、电梯和地下空间完成了弗隆峡谷多个高度层的交通联系，并整合了城市广场的公共空间设计和多个时代的要素，第一阶段的设计包括火车站、公交车站、电梯、天桥，第二阶段包括了地铁站、玻璃扶梯、斜面广场。最终将汇集四条轨道交通线路。

La Sallaz 人行天桥

人行天桥连接着地铁站和森林，人工与自然环境的双重性定义了其不规则的剖面形态。外层的混凝土结构与内层的木材人行道为桥下的司机和桥上的行人提供了不同的空间体验。

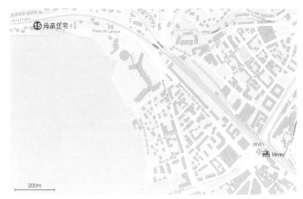

母亲住宅

柯布为父母晚年生活设计的住宅，小巧的长方形平面（16m×4m）包含了厨房、浴室、地下室、沙龙、客房。北侧外墙和二层的兄弟客房为后期加建。面向日内瓦湖景，柯布设计了长为11米的水平长窗。由于预算紧张，采用的砌块墙保暖性能较差，1950年代柯布在立面上覆盖了铝板。在如湖边镜框、狗空间、猫空间、植物等细节上可以看到柯布在该建筑中投入的情感。

母亲住宅·平面图

卡尔玛别墅

路斯的第一个重要作品，在对原别墅的改建中加入了四角的塔楼和退后的屋顶平台层。室内设计采用了黑色的大理石的浴室，木头装饰的书房还有铜板的顶棚。白色克制的粉刷墙面、多立克柱式、华丽的室内并置于路斯充满试验性与冲突性的设计中。

⑮ 母亲住宅 ✔
Le Petit Maison Villa Le Lac

建筑师：勒·柯布西耶
地址：Route de Laveaux 21
1802 VD Corseaux Vevey
类型：居住建筑
年代：1925
开放时间：查询 http://www.villalelac.ch/
备注：世界文化遗产

⑯ 卡尔玛别墅
Villa Karma

建筑师：阿道夫·路斯
地址：Rue de la Fleur de Lys 26
2074 La Tène
类型：居住建筑
年代：1912
备注：未开放参观

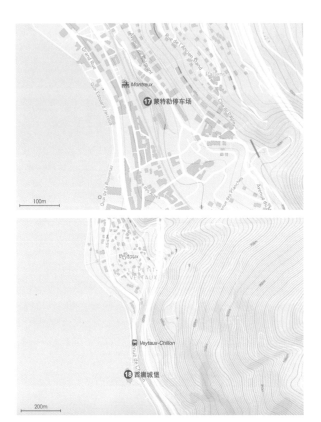

100m

200m

- -

⑰ 蒙特勒停车场
Garage Park Montreux

建筑师：Luscher
地址：Avenue des Alpes
45, 1820 Montreux
类型：交通建筑
年代：2004

⑱ 西庸城堡 ✓
Château-de-Chillon

建筑师：Pierre Mainier (13
世纪城堡改建的建筑师）
地址：Avenue de Chillon 21
1820 Veytaux
类型：其他
年代：12 世纪以前
备注：http://www.chillon.
ch/
1月和2月 10:00-17:00 (16
点以前进入）；3月和10
月 09:30-18:00 (17点以前
进入）；4月至9月 09:00-
19:00 (18点以前进入）；11
月和12月 10:00-17:00 (16点
以前进入）

蒙特勒停车场

钢结构支撑的膜结构顶
棚，并以 12 个充气枕
作为梁。结构跨度达 27
米，覆盖 1700 平方米的
停车空间。夜间气枕作为
发光体，以彩色的 LED
灯光打亮马鞍状的膜结
构单元。

西庸城堡

西庸城堡是一座中世纪
水上城堡，四周环绕有
日内瓦湖与阿尔卑斯山
脉。由于该城堡建立在
日内瓦湖畔的岩石上，远
观给人以漂浮在水面的
奇异感觉，是瑞士最负
盛名的古迹之一，城堡
拥有上千年历史，不同
年代的结构叠加成异常
丰富多样的空间。

口山
纳沙泰尔州 Neuchâtel

03 · 纳沙泰尔州

建筑数量：16

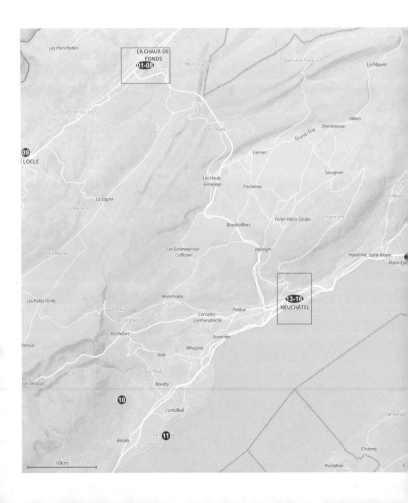

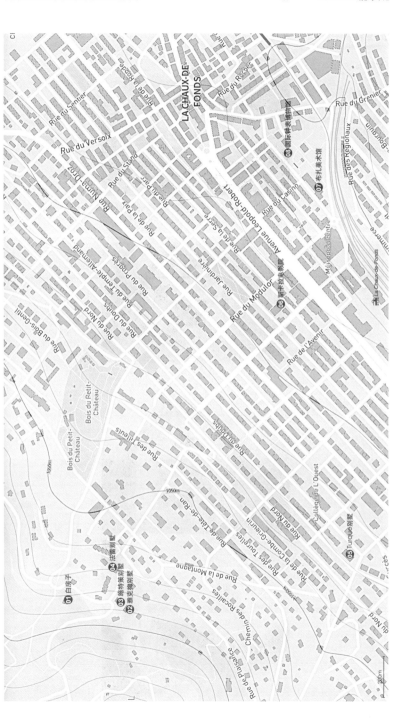

LA CHAUX-DE-FONDS

Rue du Grenier

Rue de la Pâquerette

Rue du Sentier

Rue du Versoix

Rue Numa-Droz

Rue du Stand

Rue du Parc

Rue de la Paix

Rue de la Serre

Avenue Léopold-Robert

Rue du Casino

08 国际钟表博物馆

07 布扎美术馆

Métropole Centre

🚉 La Chaux-de-Fonds

Rue des Régionaux

Rue du Rocher

Rue du Doubs

Rue du Nord

Rue du Temple-Allemand

Rue du Progrès

Rue de la Jardinière

Rue du Modulor

06 听卡拉电影院

Rue de l'Avenir

Rue du Bois-Gentil

Bois du Petit-Château

Bois du Petit-Château

Rue des Tilleuls

Rue du Doubs

Collège de L'Ouest

1050m

1050m

Rue de la Montagne

Rue de Tête-de-Ran

Rue des Tourelles

Rue de la Combe-Grieurin

Rue du Nord

05 Turque别墅

01 白房子

04 法雷男别墅

03 施特策列别墅

02 雅克梅别墅

Chemin des Rocailles

Rue de Plaisance

⓷ 白房子
Maison Blanche

建筑师：勒·柯布西耶
地址：Chemin de Pouillerel
12
2300 La Chaux-de-Fonds
类型：居住建筑
年代：1912
开放时间：周五至周日 10:00-
17:00 或预约时间
备注：http://www.
maisonblanche.ch/

⓶ 雅克梅别墅
Villa Jaquemet

建筑师：勒·柯布西耶
地址：Chemin de Pouillerel
8
2300 La Chaux-de-Fonds
类型：居住建筑
年代：1908

⓷ 施特策别墅
Villa Stotzer

建筑师：勒·柯布西耶
地址：Chemin de Pouillerel
6
2300 La Chaux-de-Fonds
类型：居住建筑
年代：1908

⓸ 法雷别墅
Villa Fallet

建筑师：勒·柯布西耶，René
Chapallaz
地址：Chemin de
Pouillerel 1
2300 La Chaux-de-Fonds
类型：居住建筑
年代：1906

白房子

年轻的 Charles-Édouard
Jeanneret 为父母于 1912
年设计的别墅，是柯布
独立设计的第一个作
品，1912 年至 1915 年柯
布在此居住。建筑的新
古典主义风格，受到德
国建筑师的影响，表明
与新艺术运动的分裂，对
称的四层平面采用了框
架结构，预示了 Turque
别墅的平面，2005 年对
外开放。

雅克梅别墅／施特策别墅

由 Charles-Édouard
Jeanneret 在维也纳同时
进行设计的两栋住宅，业
主为法雷别墅的主人
Louis Fallet 的内兄，与
法雷别墅同样采用了地
域主义的风格，不同之
处在于其立面采用了节
制的南法风格。

法雷别墅

由老师 Charles L'Epla
-ttenier 引荐，Charles-
Édouard Jeanneret 17 岁
时作为建筑师的首个委
托项目，反映瑞士的传统
木构住宅风格，柯布主
要设计了其整体外观、家
具和装饰品，建于坡地
之上，较浅的入口引入
两层通高的入口大厅，并
采用了陡峭的屋顶，另
一个特色是柯布在立面
上选用的当地松果图案。

05 Turque 别墅
Villa Turque

建筑师：勒·柯布西耶
地址：Rue de Doubs 167
2300 La Chaux-de-Fonds
类型：居住建筑
年代：1917
备注：参观可联系纳沙泰尔
旅游局

06 斯卡拉电影院
Cinéma Scala

建筑师：勒·柯布西耶
地址：Rue de Serre 52
2300 La Chaux-de-Fonds
类型：观演建筑
年代：1916

07 布扎美术馆
Musée des beaux-arts

建筑师：Charles
L'Eplattenier, René
Chapallaz
地址：Rue des Musées 33,
2300 La Chaux-de-Fonds
类型：文化建筑
年代：1923-1926
备注：chaux-de-fonds.ch
开放时间：周二至周日 11:00-
17:00

08 国际钟表博物馆 ⚫
Musée international
d'horlogerie

建筑师：Pierre Zoelly,
Georges-J. Haefeli
地址：Rue des Musées 29,
2300 La Chaux-de-Fonds
类型：文化建筑
年代：1972-1974
开放时间：周二至周日 10:00-
17:00
备注：chaux-de-fonds.ch

Turque 别墅

Charles-Édouard
Jeanneret 在拉绍德封最
著名的作品，他第一次在
设计中采用了控制线。采
用了大量符号和精心设
计的美学细节。框架结
构解放了平面布局，砖
与混凝土的砌筑强调着
东方式的建筑特色。

斯卡拉电影院

Charles-Édouard
Jeanneret 于 1916 年设计
的新古典式影院建筑，于
1971 年的一场火灾中被
毁，后进行彻底改建，仅
存留北立面为原作。

布扎美术馆

Charles L'Eplattenier,
René Chapallaz 联合设
计的 Art Deco 风格的新
古典主义建筑，于 1957
年举办了勒·柯布西耶
的大型展览，柯布曾亲
临展览现场。该博物馆
收藏了柯布西耶的大量
绘画、版画和毛毯作品。

国际钟表博物馆

世界遗产拉绍德封是瑞
士钟表制造工业和学校
的中心，该博物馆是世
界上钟表陈列种类最多
最全面的博物馆，建筑
采用混凝土覆土结构，与
屋顶的公园有机结合在
一起，三角形造型的办
公室、钟表修理车间等
露出于地表之外，通过
路径将若干组建筑串联
起来，入口空间别具特
色。

---

⑨ Favre-Jacot 别墅
Villa Favre-Jacot

建筑师：勒·柯布西耶
地址：La Côte-des-
Billodes 6
2400 Le Locle
类型：居住建筑
年代：1912

⑩ L' Areuse 步行桥
Passerelle L' Areuse

建筑师：GD Architectes
地址：Combe des Eplnes,
2017 Boudry
类型：交通建筑
年代：2002
坐标：46° 56'55.56"N,
6° 48'21.10" E

Favre-Jacot 别墅

与白房子同年建成，为
Charles-Édouard
Jeanneret 为 Zenith 钟表
创办者 Favre-Jacot 设
计，西侧的弧形墙围合
出椭圆形的前院，南侧
立柱与墙面脱开，预
示着多米诺系统，既继
承又突破了新古典主义
的传统。

L' Areuse 步行桥

跨度 27.5m，由窄变宽
的路径呼应着峡谷两侧
的环境，轻巧通透的格栅
结构消隐于自然之中，流
动的有机造型呼应着桥
下的河水。

渔人工坊

根据捕鱼加工生产线的
功能需求，线性序列空
间宽度不断变化，由湖
一侧的码头进入面向道
路的加工与贩卖空间，立
面穿孔铁板后的明亮颜
色融合于环境之中，探
讨着多种关系并置的可
能性。

马林购物中心

大型购物中心，提供了
大量的停车、商业空
间，巨大的线性中庭引
入裂缝般的自然采光，统
领两层的商业空间。立
面则由黑色的金属单元
拼接，加强自然通风，表
现出未来感。

⑪ 渔人工坊
Fisherman Workshop

建筑师：Ipas Architectes
地址：Chemin de la
Jeunesse 51
2022 Cortaillod
类型：其他
年代：2010
坐标：46° 56'1.65"N,
6° 50'24.26"E

⑫ 马林购物中心
Marin Centre

建筑师：Bauart
地址：Rue de la Fleur de
Lys 26
2074 La Tène
类型：商业建筑
年代：2007

⑭ 迪伦马特中心

⑮ 联邦统计局

Neuchâtel

⑯ 马拉迭雷球场

⑬ 天堂之路

200m

⑬ 天堂之路 ↻
La Passerelle De L'utopie

建筑师：Frank & Regula Mayer
地址：Quai Osterwald Neuchâtel
类型：其他
年代：1991
坐标：46°59'19.0"N, 6°55'48.5"E

天堂之路

1991 年庆祝纳沙泰尔建城 700 周年的 11 个临时装置之一，也是唯一保留至今的装置，位于老城区面向湖面的尽端，悬挑出 15 米的钢结构径直伸向湖面，前行中不断颤动，脚下湖水可见，是一件集合多种感官体验的现象学作品。

迪伦马特中心

该博物馆收藏着瑞士作家 Friedrich Dürenmatt 的绘画作品，弧线形建筑体量嵌入山体之中，并组成了连续的内部展陈与冥想空间，墙体与顶棚的缝隙泻下自然采光，照亮整个展厅。屋顶则作为咖啡厅空间。

⑭ 迪伦马特中心
Centre Dürrenmatt Neuchâtel

建筑师：马里奥·博塔
地址：Chemin du Pertuis du Sault 74 2000 Neuchatel
类型：文化建筑
年代：2000
开放时间：周三至周日 11:00-17:00

联邦统计局

新建的玻璃塔楼成为城市新的重要标志，呼应了地段和对面火车站的多角形平面随观察角度不断变化，玻璃幕墙与内部墙体脱开，采用极其轻薄的杆件，建筑变得透明而轻盈，展现了高超精确的建造工艺。

⑮ 联邦统计局
Office fédéral de la statistique (OFS)

建筑师：Bauart
地址：Espace de l'Europe 10, 2010 Neuchâtel
类型：办公建筑
年代：2000 - 2004

马拉迭雷球场

面对场地原有的多元要素采用不同的策略，西侧完型街道空间，东侧则设置开放场地面向码头，这座多功能的球场底层设置购物中心、消防站等设施，上层办公空间与小型体育场馆，采用大量反射和透明材料传达功能，鲜明的红色与黑色则营造出娱乐的场所氛围。

⑯ 马拉迭雷球场
La Maladière Centre

建筑师：GD Architectes
地址：Rue de la Pierre-à-Mazel 10, 2000 Neuchâtel
类型：体育建筑
年代：2007
备注：maladierecentre.ch

弗里堡州 Fribourg

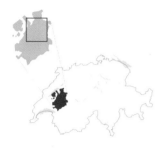

04 · 弗里堡州
建筑数量：14

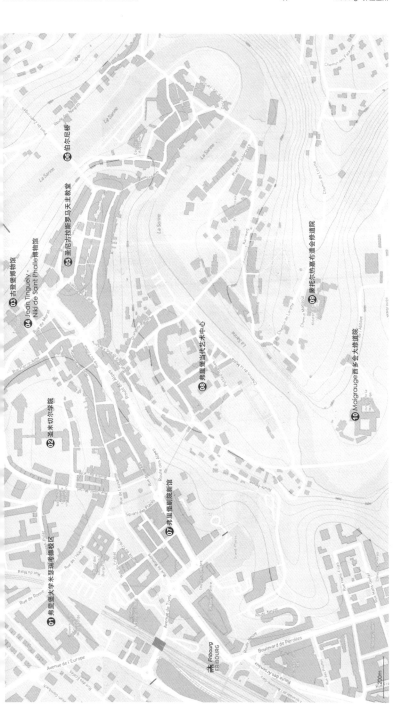

03 古茨堡博物馆

04 Jean Tinguely -
Niki de Saint Phalle 博物馆

05 圣尼古拉斯罗马天主教堂

06 伯尔尼桥

09 泰托尔珠莱布道会修道院

08 弗里堡当代艺术中心

10 Maigrauge 西多会大修道院

02 圣米切尔学院

07 弗里堡剧院新馆

01 弗里堡大学米塞瑞考德校区

Fribourg
FRIBOURG

Boulevard de Pérolles

Avenue de l'Europe

100m

⓪① 弗里堡大学米瑟瑞考德校区
Miséricorde Campus,
University of Fribourg

建筑师：Denis Honegger &
Fernand Dumas
地址：Avenue de l'Europe 20
1700 Fribourg
类型：科教建筑
年代：1941

⓪② 圣米切尔学院
Collège Saint-Michel

地址：Rue Saint-Pierre-
Canisius 6–10, 20, 1700
Fribourg
类型：居住建筑
年代：17 世纪
备注：http://www.csmfr.
ch/

⓪③ 古登堡博物馆
Musée Gutenberg

地址：Place de Notre-Dame
16, 1700 Fribourg
类型：文化建筑
年代：1527
开放时间：周三 11:00-18:00；
周四 11:00-20:00；周五 11:00-
18:00；周六 11:00-18:00；周日
10:00-17:00；周一、周二闭馆
备注：http://www.gutenb
ergmuseum.ch/

⓪④ Jean Tinguely - Niki de
Saint Phalle 博物馆 ♥
Espace Jean Tinguely -
Niki de Saint Phalle

建筑师：Michel Waeber
地址：Rue de Morat 2,
1700 Fribourg
类型：文化建筑
年代：1998
开放时间：周三至周日 11:00-
18:00；周四 11:00-20:00；周
一和周二闭馆

⓪⑤ 圣尼古拉斯罗马天主教堂
Cure catholique romaine
de St- Nicolas

建筑师：Vincent Mangeat
地址：Rue des Chanoines 3,
1700 Fribourg
类型：宗教建筑
年代：13 世纪末
开放时间：周一至周五：9:00-
11:30
备注：http://www.stnicola
s.ch/

弗里堡大学米瑟瑞考德校区

米瑟瑞考德校区位于市中心偏北，火车站的北侧，人文学科以及行政管理等部分位于该校区。建筑呈院落式布局，各功能用房环绕中心庭院布置。入口门厅、报告厅以及博物馆等位于主楼中部，南翼设有教室和剧场，北翼设有研究室、阅览室、礼拜室等，东翼底层架空，使得中心庭院和城市空间相通。建筑立面和材料体现了新古典主义和结构理性主义影响下的设计理念。

圣米切尔学院

学院始建于 17 世纪，其建筑风格综合了晚期哥特和文艺复兴风格。其后随着规模扩大，陆续进行扩建更新。其主体由三列矩形体量的建筑组成，为东西走向，两两之间通过南北向建筑体连接。建筑西侧为运动场地。建筑群包括教堂、教室、宿舍、体育馆等。

古登堡博物馆

该博物馆为纪念欧洲活字印刷术的发明者古登堡而建，此处原为储藏空间，面积 1000 多平方米，紧邻弗里堡圣母教堂和圣尼古拉斯罗马天主教堂。建筑墙面和入口进行了修缮，可以看到立面上不同颜色的砖石材质。

Jean Tinguel—Niki de Saint Phalle 博物馆

经过两次改造，始建于 1899 年，最初作为有轨电车仓库，车轨如今在前广场仍可见到痕迹，后于 1948 年改造为车库，1998 年改造为博物馆，展陈艺术家 Jean Tinguely 和 Niki de Saint Phalle 的雕塑作品。

圣尼古拉斯罗马天主教堂

该教堂钟塔位于西端，设有三座中殿，没有十字形两翼（Transept），立面采用灰绿色砂岩。教堂从 13 世纪末开始建造，全部建造过程历经 200 余年。入口钟塔高约 76 米，成为该地区的地标性建筑。

⑥ 伯尔尼桥
Pont de Berne

地址：Pont de Berne,
1700 Fribourg
类型：交通建筑
年代：1250

⑦ 弗里堡剧院新馆
Opéra de Fribourg au
Théâtre Equilibre

建筑师：Dürig AG
Architekten
地址：Opera de Fribourg,
Avenue de la Gare
1700 Fribourg
类型：观演建筑
年代：2011

⑧ 弗里堡当代艺术中心 ❹
Fri-Art Contemporary
Art Center

建筑师：nussbaumer
perone architects
地址：Petites Rames 22
1700 Fribourg
类型：文化建筑
年代：2004
备注：http://www.fri-art.
ch/
开放时间：周三~周五 12:00-
18:00；周六至周二 14:00-
17:00；周四 18:00 - 20:00

⑨ 蒙托尔热嘉布遣会修道院
Monastère des Capucines
de Montorge

地址：Chemin Mongoût
10,1700 Fribourg
类型：宗教建筑
年代：17 世纪
备注：圣餐仪式：周日 8:30；周
四 17:15, 其余时间：7:30
http://www.capucins.ch/
montorge.htm

⑩ Maigrauge 西多会大修道院
Abbaye cistercienne
de la Maigrauge

地址：Chemin de l'Abbaye
2-8, 1700 Fribourg
类型：宗教建筑
年代：1660
备注：http://www.
maigrauge.ch/accueil.
html
开放时间：9:15-11:15,
14:30-16:30

伯尔尼桥

这是一座风雨桥，在石
构桥体上覆盖有木构雨
棚，是弗里堡下城区的
三座桥梁之一，全长约
40 米。始建于 1250 年，是
瑞士最为古老的桥梁。

弗里堡剧院新馆

厅堂空间可容纳 700 位观
众，其悬挑形式考虑到
建设于地下影院结构之
上，另外试图将更多地
面还给城市公共空间，减
小占地，面向火车站的
悬挑为办公排练空间，面
向公园则为厅堂，地面
层则为开敞的门厅及交
通核。

弗里堡当代艺术中心

原建于 1885 年的工厂
改造而成，在有限预算
下，采用较少的改动，主
要加入了设备间。新材
料的使用将历史结构完
整呈现，并保证了展陈
的灵活性。

蒙托尔热嘉布遣会修道院

该修道院为一组建筑
群，主体呈院落围
合，东、南、西三个方向
为草坪和农园。修道院
位于城镇与自然之间，北
侧为弗里堡城区，南侧
为萨琳山，修士在此处
学习、耕作、生活。

Maigrauge 西多会大修道院

该修道院隶属于天主教
隐修会西多会，本地教
区成立于 1255 年，石造
修道院建筑建于 17 世纪
后期，至今仍在使用。弗
里堡的第一座女修道
院，建筑由两组院落组
成，教堂位于最北端，西
侧方形院落是修道院的
回廊。

⑪ 维拉尔巧克力工厂
Fabrique de Chocolats Villars

地址：Route de la
Fonderie 2, 6,
1700 Fribourg
类型：其他
年代：1901
备注：http://www.
chocolat-villars.com/

⑫ Grandfey 高架桥
Grandfey-Viadukt

建筑师：Robert Maillart
地址：Fribourg, Switzerland
类型：交通建筑
年代：1925
坐标：46° 49′ 35″ N,
7° 10′ 4,1″ E

维拉尔巧克力工厂

该建筑群位于弗里堡市南部的 Villars-sur-Glâne 镇，该工厂因此而得名。建筑呈 L 形布局，高五层，采用清水砖墙饰面，通过米黄色和红色两种颜色的砖进行装饰。建筑形体简洁，楼梯间、工作间以及办公用房和形体相对应，建筑摒弃了多余的装饰，仅在门窗处通过节制的叠涩进行强调。

Grandfey 高架桥

瑞士最大的桥梁建筑之一，横跨德语区与法语区边界，原桥建于 1862年，为巨型钢柱结构，为满足现代运输需求进行改造，Robert Maillart 根据原有的六根钢柱位置采用双列混凝土拱，呈现出优雅而古典的形式。

Poya 大桥

采用混凝土与钢材的斜
拉桥，总长 851.6 米，其
中最长一跨为 196 米，为
瑞士最长的主跨，日交
通量 2.5 万辆，耗资
2.11 亿瑞士法郎，两座
支撑塔高达 107.65 米和
90.96 米，优雅的结构形
成视觉中心。

弗拉马特 1&2&3 号住宅

Atelier5 的 成 名 作 之
一，三个联排住宅分期完
成，跨度达 30 年。并采
用了 Atelier 5 在其联
排住宅中常见的长条形
户型、粗野主义的混凝
土外墙、底层架空、突
出的几何体等可以看到
勒·柯布西耶的影响。

⑬ Poya 大桥
Pont de la Poya

建筑师：GVH Tramelan SA
地址：Fribourg, Switzerland
类型：交通建筑
年代：2014
坐标：46°48′48.90″N，7°
9′51.74″E

⑭ 弗拉马特 1&2&3 号住宅
Immeubles d'habitation
Flamatt

建筑师：Atelier 5
地址：Neueneggstrasse
6-10
3175 Wünnewil-Flamatt
类型：居住建筑
年代：1958/1961/1988
坐标：46°53′26″N，
7°18′34″E

Mont Terri 隧道出口／Flora Ruchat Roncati

05
汝拉州 Jura

05 · 汝拉州
建筑数量：02

01　Mont Terri 隧道出口 / Flora Ruchat Roncati
02　安纳海姆住宅 / Vincent Mangeat

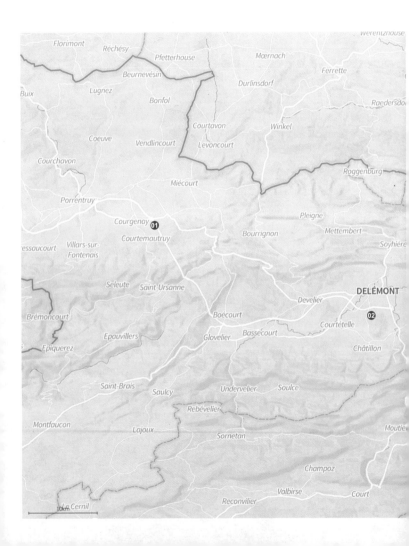

Mont Terri 隧道出口

提契诺学派代表人物女建筑师 Flora Ruchat Roncati 的作品，分别设计了 Mont Terri 隧道的北端出口与南端出口，北端由一个造型轻盈如雕塑般的标志性管理用房建筑耸立于出口上方，南端出口则为覆于山坡之上的折板结构。

安纳海姆住宅

建筑师希望将地段的特质通过建筑再现，通过墙体、砖石、木构等，一方面展现出空间结构的层级划分，另一方面体现了不同要素之间的相互依存关系。

⓵ Mont Terri 隧道出口
Tunnel du Mont Terri
Portail nord

建筑师：Flora Ruchat Roncati
地址：Courgenay, Jura
类型：交通建筑
年代：1989-1996
坐标：47° 24'04.3"N,
7° 08'58.1"E

⓶ 安纳海姆住宅
Maison Annaheim

建筑师：Vincent Mangeat
地址：Rue des Grands-Champs 9 2842 Rossemaison
类型：居住建筑
年代：1980

甘特大桥 / Christian Menn

瓦莱州 Valais

06 · 瓦莱州
建筑数量：06

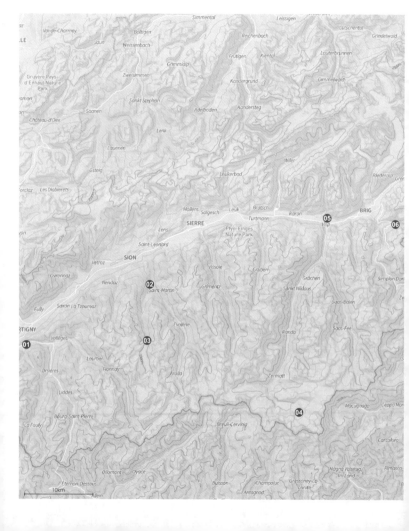

博维尼耶小学扩建

新建筑沿山坡而建，形成对山体滑坡的屏障，形体呼应地形，并定义了学校的游戏空间。铝制的镜面立面反射着山的映像，线性平面依次布置日托所，小学和体育馆，灵活的平面将不同空间并置，服务于学校和社区。

圣尼古拉斯教堂

建筑师 Walter Förderer 混凝土教堂系列代表作之一，看似简单的布局有着不对称的空间构成，如洞穴层叠而上，引入侧向的天光，并与高耸的灯塔形成均衡构图，不规则的洞口消解了巨大体量的压迫感与物质性，形成流动自由的空间。

⑴ 博维尼耶小学扩建
Ecole Primaire Bovernier

建筑师：Bonnard Woeffray Architectes
地址：Rue des Ecoles 7,
1932 Bovernier
类型：科教建筑
年代：2010

⑵ 圣尼古拉斯教堂
Eglise Saint-Nicolas

建筑师：Walter Förderer
地址：Rue Principale
1987 Heremence
类型：宗教建筑
年代：1971

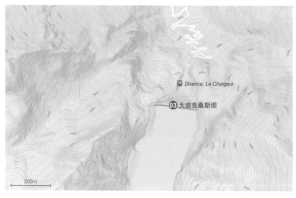

Dixence, Le Chargeur

03 大迪克桑斯坝

200m

04 罗莎峰小屋

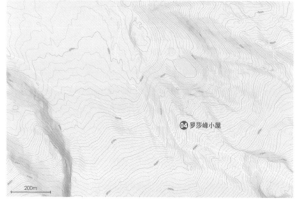

200m

---

03 大迪克桑斯坝
Grande Dixence Barrage

地址：Val des Dix, 1950
Sion
类型：其他
年代：1964

04 罗莎峰小屋 ✓
Neue Monte Rosa Hütte

建筑师：Bearth & Deplazes
地址：Gornergrat 1
3920 Zermatt
类型：其他
年代：2009
备注：http://www.
neuemonterosahuette.ch
任何交通工具无法到达，只
有步行前往，建筑爱好者和
专业人士的地标建筑。

大迪克桑斯坝

世界最高的混凝土重力坝，同时也是欧洲最高的水坝，最大坝高285米，坝顶长695米。水坝位于瑞士罗讷河支流迪克桑斯河上，坝址处河谷呈V形，形成一个4千米长的人工湖——迪斯湖。超长尺度的大坝、高耸的群山和玲珑的小教堂形成了饶有趣味的对比。

罗莎峰小屋

位于海拔2883米的岩石之上，面对冰川与雪山，是攀登各座雪山的起点。这座5层的登山者俱乐部完全采用木结构，位于钢结构的地基上，覆盖着铝板立面。建筑采用多种能源技术以自给自足，90%的能源来自太阳能，并以冰川作为水源。目前作为ETH Zurich的研究基地。

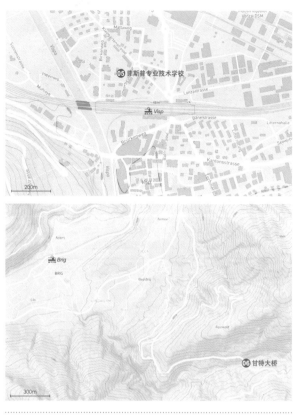

菲斯普专业技术学校

建筑类型呼应了1960年代的学校建筑，采用中心空间作为核心，但以三个层状结构作为空间构成，立面宽大的玻璃窗保证了充足采光，不锈钢的斜面反射出周遭的环境，继承又发展了文脉。

甘特大桥

Christian Menn 的代表作。钢筋混凝土斜拉桥，拉索设置于混凝土薄板内。公路以"S"形曲线跨越山谷，只有桥的主跨部174米为直线，创新的结构体系和优雅纤细的造型体现着 Menn 独特的艺术直觉。

⑤ 菲斯普专业技术学校
Ecole Professionnelle
Viège

建筑师：Bonnard Woeffray
Architectes
地址：Gewerbestrasse
2, Visp, Switzerland
类型：科教建筑
年代：2009

⑥ 甘特大桥
Pont du Ganter

建筑师：Christian Menn
地址：3911 Ried-Brig
类型：交通建筑
年代：1980
坐标：46°17'46.4"N,
8°3'3.11"E

保罗·克里中心 ／ 伦佐·皮亚诺

伯尔尼州 Bern

07 · 伯尔尼州

建筑数量：21

<hr/>

⓵ Nivarox-Far 公司
Usine Nivarox-Far

建筑师：让·努韦尔
地址：Faverges 1, 2613
Villeret
类型：办公建筑
年代：1991

⓶ 莫伦塔
Tour de Moron

建筑师：马里奥·博塔
地址：Mallerey, Bern
类型：其他
年代：2004
坐标：47° 15' 46.44" N,
7° 15' 59.18" E
备注：www.tourdemoron.
ch/

Nivarox-Far 公司

屋顶与北面公路平齐，得
以消隐方形平面的巨大
体量，南面则悬挑出钢梁
支撑宽大的遮阳百叶，面
向草地供工厂内部使用
的室外空间。下沉的草
坡使地下充分采光。

莫伦塔

由 700 名工匠耗时 4 个
月建造完成，采用了混
凝土、钢和石灰石，塔
高达 30.8 米，209 级台
阶通往 26 米高处的观景
台，可一览阿尔卑斯山
脉景色。

03 伯尔尼高等技术学院

04 斯普尼克工程公司新办公楼

05 伦瑙教堂

伯尔尼高等技术学院

木材协会的技术学校，根据任务书大量采用了木材，但宽阔的窗口提供了充足的采光，木材与混凝土的材料相得益彰，屋顶的木梁挑出，形成了开放的屋顶空间。

斯普尼克工程公司新办公楼

长 132 米，宽 90 米的厂房总面积 11800 平方米，采用预制混凝土、钢材和木材进行建造，耗时 14 个月，开放平面使生产线的灵活性成为可能。上两层的办公楼环绕着庭院。建筑用电完全采用了可再生能源。

伦瑙教堂

低调外表的方形体量使这座教堂融合在社区之中，只有雕塑感的钟塔表明其功能。内部空间通过混凝土墙与外部环境隔绝，利用顶部环绕的侧向天窗进行采光。

⑬ 伯尔尼高等技术学院 Berner Fachhochschule

建筑师：Meili & Peter Architekten
地址：Solothurnstrasse 102, Biel
类型：科教建筑
年代：1990

⑭ 斯普尼克工程公司新办公楼 New Sputnik Engineering AG Administration Building

建筑师：Burckhardt + Partner
地址：Longue-Rue 85 2504 Bienne
类型：办公建筑
年代：2012

⑮ 伦瑙教堂 Katholisches Pfarreizentrum, Lengnau

建筑师：Franz Füeg
地址：Tavelweg 1, 2543 Lengnau
类型：宗教建筑
年代：1972-1975

....

⑥ 利斯林业培训中心
Bildungszentrum Wald
Lyss

建筑师：DaM spol. s.r.o.
地址：Hardernstrasse
20, Lyss
类型：科教建筑
年代：1997

⑦ 西区购物中心
Westside Bruennen

建筑师：丹尼尔·里勃斯金
地址：Riedbachstrasse 100
3027 Bern
类型：商业建筑
年代：2008
开放时间：周一至周四
09:00-20:00；周五 09:00-
22:00；周六 08:00-17:00；周
日关门

利斯林业培训中心

中欧地区最大的木构建
筑，长达 160 米的体量
连接了两侧裙房，底层
架空的玻璃立面可获得
良好的视野。精致的节
点设计提供了木材、钢
结构与混凝土结合的极
佳案例。

西区购物中心

城市尺度的商业综合
体，包括 55 个商店，10
家餐厅以及电影院、酒店
等。里勃斯金在该项目
中延续了其富于冲突与
力量的造型，尤其表现
在商场的若干中庭和水
上中心上，与城市设施结
合，甚至设有独立的高速
公路出口和火车站。

海伦社区

瑞士现代主义建筑的重要代表，由 81 个私人住宅组成，并布置于三个跌落的平台上，除高密度的住宅外，还设有游泳池和社区服务设施。住宅单元开间 3.8 米，分为三层，地面层设有庭院。

新桥

长达 92.2 米，为瑞士最古老的木桥，原桥建于 1469 年，为伯尔尼统治北岸地区的两条重要通道之一，以杉木为主要材料，横跨于四个砂岩石柱之上，由于现代机动交通而被废弃。是瑞士重要的文化财产。

Felsenau 高架桥

总长 1116 米，高度 60 米为预应力混凝土桥，最大跨度达 156 米，为瑞士跨度最大的桥，采用双支柱形式，优雅而轻盈。瑞士著名结构设计师 Christian Mennf 的代表作之一。

⑧ 海伦社区
Siedlung Halen Bern

建筑师 : Atelier 5
地址 : Halen 36A,
3037 Kirchlindach
类型 : 居住建筑
年代 : 1961

⑨ 新桥
Neubrügg

地址 : 46° 58' 26'' N,
7° 25' 41'' E
类型 : 交通建筑
年代 : 1469

⑩ Felsenau 高架桥
Felsenauviadukt

建筑师 : Christian Menn
地址 : 46° 58' 9.00'' N,
7° 26' 52.00'' E
类型 : 交通建筑
年代 : 1974

....

⑪ 伯尔尼老城区 ✓
Berner Altstadt

地址：Bern
类型：其他
年代：1191
备注：世界文化遗产

⑫ 伯尔尼历史博物馆新馆
Kubus-Titan

建筑师：mlzd
地址：Helvetiaplatz 5
3005 Bern
类型：文化建筑
年代：2009
开放时间：周二至周日 10:00-
17:00；周一闭馆

伯尔尼老城区

始建于 1191 年的城市至
今保存完好，拥有欧洲
世界最长的拱廊街、以
12 世纪的城门为基础的
钟楼、16 世纪建造的拱
廊，以及散布在街道各
处的喷泉等著名地标。充
分发挥了 12 世纪建造的
都市基础，又将现代化
都市的机能巧妙地融合
在一起。

伯尔尼历史博物馆新馆

旧馆由 André Lambert
于 1894 年设计，新馆包
括一个大型展览空间、屋
顶平台、图书馆和办公
空间。如镜面的玻璃立
面映照着原建筑，并围
合屋顶的庭院空间。混
凝土立面采用折板的形
式，以简洁的体量应答
新旧关系。

⑬ 瑞士邮政银行体育馆扩建

Zentrum Paul Klee

⑭ 保罗·克里中心

Muri bei Bern, Kräyigen

200m

⑮ Auguet 廊桥

200m

瑞士邮政银行体育馆扩建

于 1967 年对公众开放,冰球体育馆,拥有世界规模最大的站立看台空间,超过 10000 个座位。可容纳超过 17000 名观众。在 2009 年完成改扩建,增加办公、餐厅、酒吧等功能,成为体育与商业相结合的建筑综合体。

保罗·克里美术馆

收藏有保罗·克里 (Paul klee) 40% 的绘画作品,为世界上最大的收藏单一艺术家作品的美术馆。建筑师将高技派的建筑结构以三个大小起伏的山丘为意象,包含三种不同功能的空间,曲线钢梁渐变为绿植屋面,与整个园区的景观与展陈流线完美融合。

Auguet 廊桥

因两岸不断增长的货物运输需求应运而生,1974 作为步行桥平移至 Auguet,对公众开放。

⑬ **瑞士邮政银行体育馆扩建**
PostFinance-Arena

建筑师:Ipas Architects /
Architekten Schwaar &
Partner AG
地址:Mingerstrasse 12,
3014 Berne
类型:体育建筑
年代:2009
备注:https://www.
postfinancearena.ch/

⑭ **保罗·克里美术馆 ⊘**
Zentrum Paul Klee

建筑师:伦佐·皮亚诺
地址:Monument im
Fruchtland 33006 Bern
类型:文化建筑
年代:2005
备注:www.zpk.org/

⑮ **Auguet 廊桥**
Auguetbrücke

地址:Muri bei Bern
类型:交通建筑
年代:1836
坐标:46° 55' 09'' N,
7° 30' 01'' E

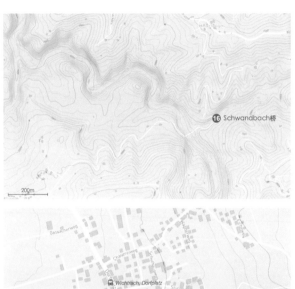

⑯ Schwandbach 桥
Schwandbachbrücke

建筑师：Robert Maillart
类型：交通建筑
年代：1933
坐标：46° 49′ 45.97″ N,
7° 24′ 8.29″ E

⑰ 亨策与凯特勒美术馆
Kunst-Depot,
Galerie Henze & Ketterer

建筑师：Gigon Guyer
Architekten
地址：Kirchstrasse 26
3114 Wichtrach
类型：文化建筑
年代：2004
备注：http://www.henze-
ketterer.ch/en/

Schwandbach 桥

Robert Maillart 设计的著名作品之一。为加筋板钢筋混凝土桥，主跨跨度 37 米，折线形桥拱仅有 20 厘米厚，通过160m 厘米厚墙支撑桥面。形式完全反映真实受力。

亨策与凯特勒美术馆 "艺术仓库"

地面两层建筑除储藏功能外，同时可作为各种功能的展室。城镇规范与地块限定出平面形状，除楼梯筒外为单一的开放空间，屋顶与墙壁均为混凝土材质，立面漂浮的金属表皮作为遮阳层。边缘折叠的金属板呼应了平行四边形的平面。

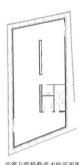

亨策与凯特勒美术馆平面图

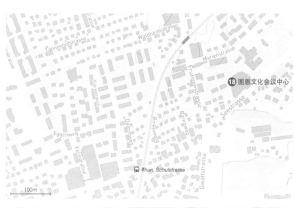

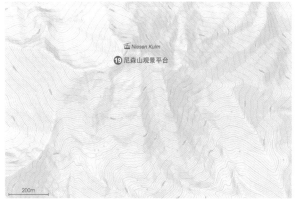

⑱ 图恩文化会议中心
Kultur- und
Kongresszentrum
Thun

建筑师：EM2N
地址：Seestrasse 68
3604 Thun
类型：文化建筑
年代：2011

⑲ 尼森山观景平台
Berghaus Niesen Kulm

建筑师：Aebi & Vincent
architekten
地址：Niesen, Mülenen
类型：商业建筑
年代：2002

图恩文化会议中心

项目位于同质的住宅区中，面对预算限制及应对原有的 80 年代建筑的双重挑战，扩建保留了原建筑礼堂，并通过空间与功能上的压缩使其对原城市肌理的影响降至最低。精心处理的洞口呼应着周边环境。

尼森山观景平台

坐落于尼森山山顶，作为原有餐厅建筑的补充。轻巧的钢结构悬挑出山坡，提供面向阿尔卑斯山的全景视野。并尽量减少对环境的影响。

⑳ 因特拉肯Kursaal会议中心

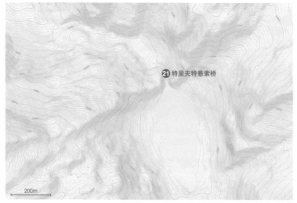

㉑ 特里夫特悬索桥

200m

⑳ **因特拉肯 Kursaal 会议中心**
Congress Center Kursaal
Interlaken

建筑师：Dorenbach
Architekten
地址：Strandbadstrasse 46
3800 Interlaken
类型：文化建筑
年代：2010
备注：http://www.congress-
interlaken.ch/

㉑ **特里夫特悬索桥**
Triftbrücke

建筑师：KWO
地址：Gadmen 附近
类型：交通建筑
年代：1986
坐标：46° 41'40"N,
8° 21'27"E
路线：需从 Gadmen 的缆车
站 Trift Bahn (Sustenstrasse,
3863 Gadmen) 到 Underi
Trift，再徒步 2.8 公里到达。

因特拉肯 Kursaal 会议中心
位于历史保护建筑
Kursaalf 旁边的公园
中，立面采用折叠的铬
钢材料，模糊地反射周
遭环境。架空的入口连
接开放的楼梯进入上层
的大厅，正对少女峰的
景致。

特里夫特悬索桥
这座桥位于特里夫特冰
川高原的上方，是阿尔
卑斯山海拔最高、最长的
人行吊桥之一，它有 100
米高，170 米长，采用悬
索结构与木材踏步。其
用途为连接山对面的木
屋。

巴塞尔文化中心新馆 / 赫尔佐格与德梅隆

巴塞尔城市州 Basel-Stadt

08 · 巴塞尔城市州

建筑数量：44

14 丁格利美术馆 / 马里奥·博塔 ⊙
15 巴塞尔康复中心 / 赫尔佐格与德梅隆 ⊙
16 西伏特住宅 / Degelo Architekten
17 伏特居住中心 / Buchner Bründler Architekten
18 诺华园区 / Vittorio Magnago Lampugnani ⊙
19 伏特小学 / Miller & Maranta ⊙
20 赫尔佐格与德梅隆事务所 / 赫尔佐格与德梅隆
21 巴塞尔大学儿童医院 / Stump & Schibli Architekten ⊙
22 医药研究中心 / 赫尔佐格与德梅隆
23 巴塞尔大学校医院 / Silvia Gmür Reto Gmür Architekten
24 圣安东尼奥教堂 / Karl Moser ⊙
25 ALLSCHWILERSTRASSe 住宅及办公楼 / 赫尔佐格与德梅隆
26 Hebelstrasse 公寓楼 / 赫尔佐格与德梅隆 ⊙
27 Schutzenmatt 住宅 / 赫尔佐格与德梅隆
28 Tabourettli 剧场 / 圣地亚哥·卡拉特拉瓦
29 巴塞尔文化博物馆 / 赫尔佐格与德梅隆 ⊙
30 EUREGIO 办公楼 / 理查德·迈耶

31 ELSÄSSERTOR II 办公楼 / 赫尔佐格与德梅隆
32 巴塞尔火车站 / Cruz y Ortiz Arquitectos, Giraudi-Wettstein
33 SÜDPARK 办公楼 / 赫尔佐格与德梅隆
34 Hochstrasse 办公楼 / Diener & Diener
35 巴塞尔美术馆新馆 / Christ & Gantenbein
36 BIS 银行 / 马里奥·博塔
37 巴塞尔青年旅社 / Buchner Bründler Architekten ⊙
38 SUVA 公寓 / 赫尔佐格与德梅隆
39 Sevogelstrasse 住宅更新改造 / Buchner Bründler Architekten
40 青年女子公寓 / Paul Artaria & Hans Schmidt
41 Auf dem Wolf 信号塔 / 赫尔佐格与德梅隆 ⊙
42 铁路机务专区 / 赫尔佐格与德梅隆
43 圣雅各布公园球场 / 赫尔佐格与德梅隆
44 圣雅克布塔楼 / 赫尔佐格与德梅隆

里恩自然游泳池

建筑三面围合出泳池，一侧的办公室包括咖啡厅、更衣室完全覆以木材，并延伸出沿外墙的线形带顶座椅区，景观设计引入自然，树木环绕着泳池，不规则的泳池中种植水草，将过滤等技术设备隐于景观，使人沉浸在自然惬意的氛围之中。

贝耶勒基金会

博物馆一面紧贴道路，一面面向农田。长条形的厚重石材墙面与轻盈通透的玻璃屋顶组成博物馆的两个重要元素，石材选自巴塔哥尼亚红色斑岩，建筑由四面127米长间距7米的剪力墙支撑，两端玻璃立面朝向精心设计的水池与草坡景观，一面石墙将展厅与道路隔绝开来，屋顶采光系统将自然光过滤引入展厅。

⓵ 里恩自然游泳池
Naturbad Riehen

建筑师：赫尔佐格与德梅隆
地址：Weilstrasse
69, Riehen, Switzerland
类型：商业建筑
年代：2014
备注：naturbadriehen.ch

⓶ 贝耶勒基金会 ✈
Fondation Beyeler

建筑师：伦佐·皮亚诺
地址：Baselstrasse 101
4125 Riehen Switzerland
类型：文化建筑
年代：2000
开放时间：每日 10:00-
18:00；周三 10:00-20:00
备注：https://www.
fondationbeyeler.ch/

贝耶勒基金会·平面图

塞恩住宅

位于巴塞尔市区东北方向约 6 千米处，1930 年代前后，多座现代式的住宅在里恩出现。住宅周围被草坪植株环绕。平面呈 L 形，由两个矩形体量穿插组成，临街体量高两层，另一体量为单层。设有屋顶平台。2002 年，由巴塞尔建筑师 Miller&Maranta 进行修著设计。

斯塔基旅馆

该旅馆是斯塔基购物休闲中心的一部分，建筑采用简洁的矩形体块，造型内敛。室内设计由汉斯·维特斯坦工作室（Studio Hannes Wettstein）完成，通过温暖的色调和充足的自然光线营造出宜人的空间氛围。

斯塔基商业园区

园区为生物科技研究服务，设置了地面以上的六层实验室和办公空间，将抬高的街面作为入口层，以下为停车、储藏等辅助用房。建筑亮点为创新的膜结构立面。

⑬ 塞恩住宅
Haus Senn

建筑师：Otto Senn，Walter Senn
地址：Schnitterweg 40,
4125 Riehen
类型：居住建筑
年代：1934

⑭ 斯塔基旅馆
Stücki Hotel

建筑师：Diener & Diener
地址：Badenstrasse 1
4019 Basel
类型：商业建筑
年代：2009

⑮ 斯塔基商业园区
Stücki Business Park

建筑师：Blaser Architects
地址：Hochbergerstrasse 60
4057 Basel
类型：科教建筑
年代：2011

⑥ Eglisee 住宅区
WOBA-Siedlung Eglisee

建筑师：多人
地址：Surinam 108-138
4058 Basel
类型：居住建筑
年代：1930

Eglisee 住宅区

魏玛共和国时期现代住宅的探索。横贯东西的住宅布局使全部住宅拥有南向的生活空间。住宅单元由一楼的大客厅、厨房、餐厅和二楼的三间卧室组成，建筑采用砖结构墙体

⑦ 巴塞尔巴登车站
Badischer Bahnhof

建筑师：Karl Moser
地址：Schwarzwaldallee 200Basel
类型：交通建筑
年代：1913

巴塞尔巴登车站

位于瑞士境内，但为德国铁路运营。车站外立面采用西格尔斯巴赫的黄色考依波统砂岩，内部的售票大厅采用了巨大的钢筋混凝土拱顶。

⑧ 巴塞尔文化中心新馆 ❾
Schwarzer Turm

建筑师：赫尔佐格与德梅隆
地址：Messeplatz 1 4058 Basel
类型：文化建筑
年代：2013

巴塞尔文化中心新馆

巴塞尔文化中心新馆包括约 50000 平方米的展览空间，建筑底层和城市公共空间相结合，上部两层为展览空间，每层高约 8 米。建筑体量巨大，和既有的城市肌理形成反差；建筑表皮为金属条编织而成。展馆中心处设置有圆形开放空间，顶部开敞，使得建筑内部和城市空间相融合。

⑨ 文化中心办公楼
Messehochhaus und Messeplatz, Basel

建筑师：Degelo Architekten
地址：Messeplatz 12, 4058 Basel
类型：办公建筑
年代：2003

文化中心办公楼

31 层的大楼将办公、酒店等多种功能统一在均一的玻璃立面中，成为城市的高层坐标，而低层巨大的悬挑结构面向城市广场，伸入道路，象征城市中心的新入口。24 米的悬挑部分采用钢结构，并由大楼的钢筋混凝土基础支撑。

⑩ 巴塞尔商业技术学院
Allgemeine Gewerbeschule Basel

建筑师：Hermann Baur
地址：Vogelsangstrasse 15 4058 Basel
类型：科教建筑
年代：1961

巴塞尔商业技术学院

巴塞尔 20 世纪 50 年代晚期建筑的代表，四个迥异的结构围绕庭院成为校园，除了 50 年代的教学楼和展有 Hans Arp 雕塑的庭院外，引人注意的是壳体结构的体育馆。素混凝土材料的使用将四个建筑统一起来。

⓫ 人民之家改造
Volkshaus Brasserie & Bar

建筑师：赫尔佐格与德梅隆
地址：Rebgasse 12
4058 Basel
类型：商业建筑
年代：2012

⓬ 爵士园
Jazz Campus

建筑师：Buol & Zünd
地址：Utengasse 15, 4058
Basel
类型：文化建筑
年代：2013

⓭ 罗氏大厦
Roche building 1

建筑师：赫尔佐格与德梅隆
地址：Grenzacherstrasse
124, 4070 Basel
类型：办公建筑
年代：2015

⓮ 丁格利美术馆 ⊙
Musuem Tinguely

建筑师：马里奥·博塔
地址：Grenzacherstrasse
2104002 Basel
类型：文化建筑
年代：1996
开放时间：周二至周日 10:00-
18:00；周一关门
备注：http://www.tinguely.
ch/

人民之家改造

人民之家原建于 1925 年，为综合的文化设施，改造在原有音乐厅和啤酒花园基础上加入了酒店、商店和图书馆功能，建筑师去除了 1970 年代的多余结构，还原了原建筑的风貌。采用了木材、皮革和锡等材料，并以新的元素呼应着其建筑多个阶段的历史。

爵士园

面对老城区的肌理，建筑师利用庭院组织各个建筑，并利用拱廊等元素创造出迂回随机的公共空间，与老城的街道空间融为一体。50 个排练室和 3 个录音表演室各不相同，满足不同的使用需求，更符合爵士乐即兴与自由的特征，并通过室内设计统一风格。

罗氏大厦

瑞士第一高度，共有 41 层办公空间，可供 2000 人办公。以开放的交流公共空间、单元式的办公空间和灵活的功能使用为特色，并采用了先进的节能技术，通过废热和地下水进行温度调节。地面层的入口广场和退台的造型使其成为城市中崭新的地标。

丁格利美术馆

美术馆展示了巴塞尔先锋派艺术家 Jean Tinguely 的机械雕塑作品和画作，基地位于莱茵河与城市道路的交界处，以相应姿态应对不同的环境：西侧以悬挑的柱廊和玻璃立面面向城市公园，东侧以石墙隔开城市交通，南侧则以伸出的曲面展厅呼应河岸。纺锤形的屋顶结构保证了室内展厅的开放空间。

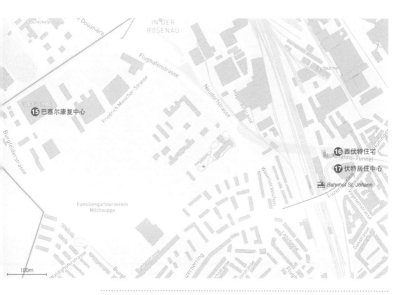

巴塞尔康复中心

该康复中心为脑脊损伤患者服务，建筑高两层，底层为医疗室，顶层为病房。建筑师试图将建筑设计为一座"城"，通过内庭院和廊道将各个病房、医疗室、休息室等空间连接。建筑表皮以木质格栅和板材为主，和环境当中的橡树、松树、铁树等相呼应。庭院和外廊将自然光引入室内，营造出静谧自然的空间氛围。

西伏特住宅

西伏特住宅定义了伏特大街的终点，形态跟随弯曲的街道，并在屋顶两层进一步强调。立面开窗则严格限定在网格中，而阳台则各有不同，内侧则围合出了安静的城市花园。

伏特居住中心

雕塑感的形体回应着多变的城市文脉，成为巴塞尔北区的地标建筑。包括底层的商业空间和围绕两个庭院的住宅，面向广场，立面倾斜并面向公共空间敞开。

⑮ 巴塞尔康复中心 ⊘
Rehab Basel

建筑师：赫尔佐格与德梅隆
地址：Im Burgfelderhof 40
4056 Basel
类型：医疗建筑
年代：2002
备注：http://www.
burgzug.ch/
开放时间：周二至周六 14:00-
17:00；周日 10:00-17:00；周一不
开放，每月的第一个周三免费

⑯ 西伏特住宅
Volta West

建筑师：Degelo
Architekten
地址：Voltastrasse 104
4056 Basel
类型：居住建筑
年代：2010

⑰ 伏特居住中心
Volta Zentrum

建筑师：Buchner Bründler
Architekten
地址：Vogesenplatz 10
4056 Basel
类型：居住建筑
年代：2010

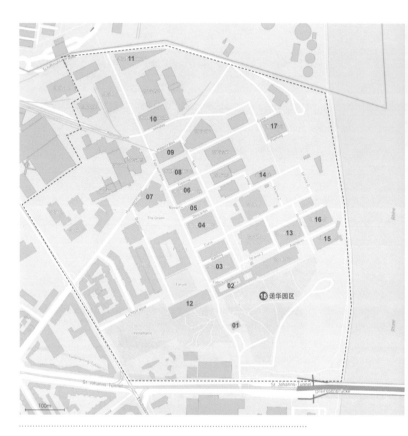

⑱ 诺华园区 ⊘
Novartis Campus

建筑师：Vittorio Magnago
Lampugnani
地址：Fabrikstrasse 4
CH-4002 Basel
类型：其他
年代：2000
备注：不对外开放，可于
巴塞尔旅游局进行预订参观
（www.basel.com）

诺华致力于将其巴塞尔总部
改造为创新交流的场所，新
园区总规划由Vittorio
Magnago Lampugnani设
计，单体建筑则邀请了世界
各地的著名建筑师，设计出
超现代、强调功能性与美学
的办公空间。规划中封闭了
原有经过道路，建筑底层以
柱廊形式开放，以服务于公
共空间。

01. Fabrikstrasse 2
建筑师：Marco Serra
02. Fabrikstrasse 4
建筑师：SANAA
03. Fabrikstrasse 6
建筑师：Peter Märkli
04. Fabrikstrasse 10
建筑师：谷口吉生
05. Fabrikstrasse 12
建筑师：Fabrikstrasse 12
06. Fabrikstrasse 14
建筑师：Rafael Moneo
07. Fabrikstrasse 16
建筑师：Adolf Krischanitz
08. Fabrikstrasse 18
*建筑师：Juan Navarro
Baldeweg*
09. Fabrikstrasse 15
建筑师：弗兰克·盖里
10. Fabrikstrasse 22
建筑师：戴维·齐普菲尔德
11. Fabrikstrasse 28
建筑师：安藤忠雄
12. Forum 3
建筑师：Diener & Diener
13. Physic Garden 3
建筑师：Eduardo Souto de Moura
14. Square 3
建筑师：槙文彦
15. Asklepios 8
建筑师：赫尔佐格与德梅隆
16. Virchow 6
建筑师：阿尔瓦罗·西扎
17. Virchow 16
建筑师：Rahul Mehrotra

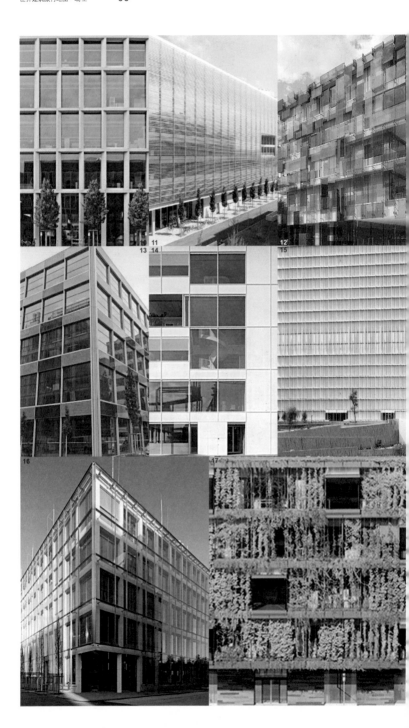

19 伏特小学

20 赫尔佐格与
　德梅隆事务所

24 圣安东尼奥教堂

21 巴塞尔大学儿童医院

22 医药研究中心

23 巴塞尔大学校医院

100m

25 Allschwilerstrasse住宅及办公楼

Allschwilerplatz

200m

⑲ 伏特小学 ✓
Primarschule Volta

建筑师：Miller & Maranta
地址：Wasserstrasse 40,
4056 Basel
类型：科教建筑
年代：2000

⑳ 赫尔佐格与德梅隆事务所
Herzog & de Meuron
Office Headquarters

建筑师：赫尔佐格与德梅隆
地址：Rheinschanze 6
4056 Basel
类型：办公建筑
年代：2009

㉑ 巴塞尔大学儿童医院 ✓
Universitäts-Kinderspital
beider Basel

建筑师：Stump & Schibli
Architekten
地址：Spitalstrasse 33
4056 Basel
类型：医疗建筑
年代：2011

伏特小学

地处工业区内，建筑师将原有厂房的地下空间改造为大跨度的体育馆，上层则为小跨度的教室，因此结构将上层建筑设计为斜向拉筋的箱体结构，并通过四个天井为教室采光，底层与上层窗间墙的错位更预示了特殊的空间结构。

伏特小学平面图、剖面图

赫尔佐格与德梅隆事务所

该事务所由多个不同时期的建筑组合而成，其中主体部分高6层，外立面为玻璃幕墙，与莱茵河相邻。事务所的入口保留了其早期的历史原貌，为一扇精致小巧的木门，具有典型的巴塞尔装饰风格。

巴塞尔大学儿童医院

该医院高五层，与地段周边现状建筑相比体量较大，为保持城市空间既有的肌理特征和透明性，设计师通过形体扭转和庭院空间将建筑划分为若干个部分，并强化不同层级之间的区别，以弱化建筑的体量感。建筑表皮采用彩色玻璃板，营造欢快明丽的城市意象；室内则以白色和木色为主，为患者提供宽敞明亮的空间氛围。

㉒ 医药研究中心
Institute For Hospital
Pharmaceuticals

建筑师：赫尔佐格与德梅隆
地址：Spitalstrasse 28
4056 Basel
类型：科教建筑
年代：1999

医药研究中心

研究中心包含办公室、实验室和生产车间，其入口和电梯、楼梯空间由50年代的周边建筑所决定，立面采用丝网印刷的绿色玻璃，在扁平化的表皮上却嵌入深深的窗洞，这一经重之间的冲突与暖昧半透明的表皮使其获得了与众不同的特质。

㉓ 巴塞尔大学校医院
University Hospital Basel

建筑师：Silvia Gmür Reto
Gmür Architekten
地址：Spitalstrasse 21
4000 Basel
类型：医疗建筑
年代：2002

巴塞尔大学校医院

新建部分作为原建筑类型的延续，平面基于集中的布局以保证功能的灵活性，通过立面和中庭的设计使每个房间获得自然采光，半透明的玻璃立面保护了隐私与防炫光的要求。比例、楼层与老楼形成呼应。

㉔ 圣安东尼奥教堂 ⊘
Pfarrei St. Anton,
Antoniuskirche Basel

建筑师：Karl Moser
地址：Kannenfeldstrasse
35, 4056 Basel
类型：宗教建筑
年代：1927

圣安东尼奥教堂

该建筑是 Moser 设计生涯的转折点，教堂呈南北向布局，钟塔高62米，位于最北端。建筑外观采用清水混凝土，阳光透过彩色玻璃进入室内，渲染出圣洁的氛围。受到奥古斯特·佩雷的影响，一方面沿袭传统教堂巴西里卡的中殿形式，另一方面在结构形式和建筑装饰上又反映出现代主义的影响。

㉕ Allschwilerstrasse
住宅及办公楼
Allschwilerstrasse
Residential
And Office Building

建筑师：赫尔佐格与德梅隆
地址：Allschwilerstrasse 90
4055 Basel
类型：居住建筑
年代：1988

Allschwilerstrasse 住宅及办公楼

赫尔佐格与德梅隆在巴塞尔的第一个大型项目，底层商业上层住宅，建筑形体跟随了弧线的道路转角，立面混凝土肋在各层底部截断，对于其结构的判断暧昧起来，使整个立面呈现轻盈的姿态，这一姿态被挑出的圆弧形阳台进一步强调，使阳台作为单独的结构要素融入到城市之中。

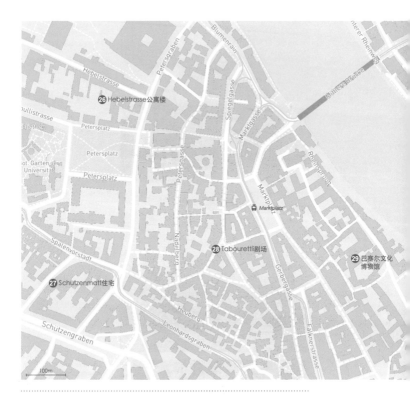

....

㉖ Hebelstrasse 公寓楼 ○
Apartment building

建筑师：赫尔佐格与德梅隆
地址：Hebelstrasse 11,
4056 Basel
类型：居住建筑
年代：1988

Hebelstrasse 公寓楼

公寓延续了原有建筑一翼的立面，以线性排列，楼梯置于中央，两侧为两组公寓单元，南端的解放出大空间与屋顶平台。与周边的历史建筑形成了多层次的对话：木结构与石材的对比，平面转折与直线的阳台，纺锤形的木柱与混凝土基础，这些微妙的细节使建筑呈现出抵抗重力的轻盈与自由。

㉗ Schutzenmatt 住宅
Schutzenmatt Housing

建筑师：赫尔佐格与德梅隆
地址：Schützenmattstrasse
114051 Basel
类型：居住建筑
年代：1993

Schutzenmatt 住宅

建筑位于中世纪城区，历史遗存的防火墙作为内墙，地面两层分隔出一个商店和走廊，各层公寓都有小巧的凉廊和面向后院叠叠的采光空间，入口商店附近嵌入了电梯，作为主要交通联系。街道立面全部采用玻璃，前面安装通高的以井盖为原型的百叶，在混杂的社区中产生宛如格栅般的效果。

Schutzenmatt 住宅 · 平面与剖面图

㉘ Tabourettli 剧场
Tabourettli Cabaret

建筑师：圣地亚哥·卡拉特拉瓦
地址：Spalenberg 12
4051 Basel
类型：观演建筑
年代：1988

Tabourettli 剧场

卡拉特拉瓦的早期作品之一，改造在有 700 年历史的建筑中进行，建筑师采用了钢结构和玻璃来与古老的木结构和石材发生关联，完整保留了原有结构，改造部分包括一个小剧场、更衣室和楼梯。位于中心位置的楼梯成为雕塑般的物体。

巴塞尔文化博物馆

博物馆位于老城中心一个 19 世纪的庭院内，为了增加展览面积，建筑师设计了屋顶无柱的展览空间，新入口下沉庭院和商店，不规则坡屋顶的加建本量被墨绿色的六边形瓷砖覆盖，并垂下绿色植物，屋脊与老城建筑相呼应，但又突出于庭院之中。

㉙ 巴塞尔文化博物馆 ⊙
Museum Der Kulturen

建筑师：赫尔佐格与德梅隆
地址：Münsterplatz 20
4051 Basel
类型：文化建筑
年代：2011
开放时间：周二至周日 10:00-
17:00；周一关门

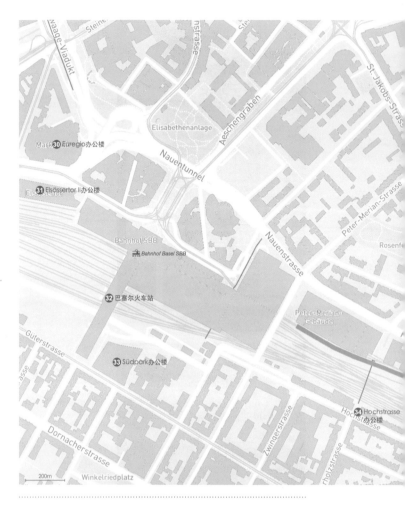

建筑师：理查德·迈耶
地址：Viaduktstrasse 40-
44 4051 Basel
类型：办公建筑
年代：1998

Euregio 办公楼

迈耶在瑞士的第一个项目，白色铝板覆盖的办公楼创造出匀质的办公空间，首层作为商业面向街道，圆柱体的主楼呼应着附近的穹顶大厅，中央的前院作为建筑的入口，由于西侧地势的下降，地下层的组织成为项目的最大挑战。南北两侧立面以不同的表情回应着历史场地。

Elsässertor II 办公楼

这座办公建筑位于铁路
与火车站大街之间，长
向立面上楼层通高的玻
璃板以不同角度倾斜，以
碎片化的方式反射着周
边历史环境和铁路。短
边则凹进以获得开放空
间，双层玻璃幕墙覆以丝
网印刷，一侧为红色，一
侧为蓝色，同时满足室
内的采光需求。

㉛ Elsässertor II 办公楼
Elsässertor II

建筑师：赫尔佐格与德梅隆
地址：Centralbahnstrasse
4 4051 Basel
类型：办公建筑
年代：2005

巴塞尔火车站

原火车站为 19 世纪末建
筑，改造的旅客大厅以
"铁路城市"(Railway) 为
概念，全长 185 米，30
米宽，横跨于铁轨两
端，将售票大厅与南侧
街区相连，并连接起所
有的站台，取代了地下
通道。不规则折面的屋
顶两侧为商业空间，成
为人们汇聚的城市场所。

㉜ 巴塞尔火车站
Bahnhof Basel SBB

建筑师：Cruz y Ortiz
Arquitectos & Giraudi-
Wettstein
地址：Basel train station,
Centralbahnstrasse 10,
4051 Basel,
类型：交通建筑
年代：2003

Südpark 办公楼

匀质的建筑表皮包裹着
高低两个部分，一层为
店铺，九层高的部分为
老年公寓，四层高的部
分为办公空间。方块构
成的外窗立面模糊了楼
层，从而突出了体量感。

㉝ Südpark 办公楼
Südpark

建筑师：赫尔佐格与德梅隆
地址：Güterstrasse
4053 Basel
类型：商业建筑＋居住建筑
年代：2012

Hochstrasse 办公楼

位于巴塞尔火车站南
侧，建筑高六层，西南
转角形体被切削。建筑
顶层临街面向后退让，以
在尺度和形体关系上与
周边环境相协调。该方
案由 Diener 父子二人共
同完成，这亦是他们在
巴塞尔众多建筑实践之
一。西南立面的实墙可
以放置信息公告牌，成
为城市公共空间的一部
分。

㉞ Hochstrasse 办公楼
Office Building

建筑师：Diener & Diener
地址：Hochstrasse 31,
4053 Basel
类型：办公建筑
年代：1988

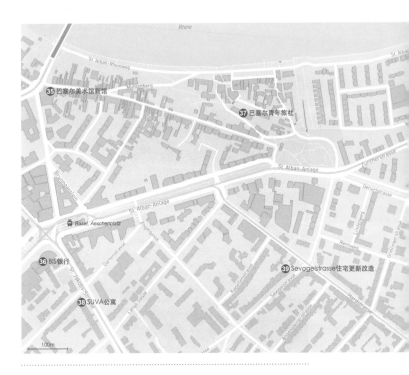

③⑤ 巴塞尔美术馆新馆
Kunstmuseum Basel

建筑师：Christ &
Gantenbein
地址：Dufourstrasse 5
4052 Basel
类型：文化建筑
年代：2016

③⑥ BIS 银行
BANK BIS

建筑师：马里奥·博塔
地址：Aeschenplatz 1
4051 Basel
类型：办公建筑
年代：1994

巴塞尔美术馆新馆

位于巴塞尔市中心，与
老馆隔街呼应，并通过
地下相连。新馆与老馆保
持相同高度，入口面向
老馆的柱廊，凹进的入
口空间形成欢迎之势，各
层的两个展览空间由中
央的楼梯相连。室外采
用了灰砖，而室内则大
量使用大理石和金属材
料，传达超越时间的永
恒之美。

BIS 银行

该建筑位于巴塞尔市中
心的拐角处，昂博塔在
阿尔卑斯以北最大的项
目，强有力的半圆形体量
采用深浅灰色的石材，统
领着整个广场，而对称
的几何立面完美地嵌入
场地。

㊲ 巴塞尔青年旅社 ⊘
Youth Hostel Basel

建筑师：Buchner Bründler
Architekten
地址：St. Alban-Kirchrain
10 4052 Basel
类型：商业建筑
年代：2007

㊳ SUVA 公寓
SUVA HOUSE

建筑师：赫尔佐格与德梅隆
地址：St. Jakobs-Strasse 53
4052 Basel
类型：居住建筑
年代：1993

巴塞尔青年旅社

在改造过程中，建筑师将
原建筑还原为 1979 年前
的丝绸工厂的氛围，一座
木质桥梁作为主入口横跨
溪流同时将老楼与新的混
凝土建筑底层的室外滨水
平台相连，上层建筑为落
地窗的客房。各种精心设
计的细节传达着当代建筑
的准确与精致。

SUVA 公寓

该建筑始建于 1950 年，最
初为办公建筑，于 1990
年进行改扩建，改造为居
住建筑。不同时期的结构
和立面均得以保留。建筑
外立面由水平向玻璃条带
组成，不同材质的玻璃具
有不同的光学特性，展现
出丰富的立面效果。室内
办公区域可以单独控制每
个玻璃窗组件，调节采光
和隔音效果。透明材质将
当代与历史有机结合，实
现城市意象的延续。

Sevogelstrasse 住 宅 更 新
改造

场地由沿街 1930 年代的
四层住宅和 1860 年代的
二层后院建筑组成，改造
对室内的卫生间、阳台和
厨房进行了彻底改造，并
将内侧的立面向庭院开
放，新建了两个公寓和地
下停车场，从而解放了庭
院空间。

㊴ Sevogelstrasse 住宅更新
　改造
Umbau der Wohnanlage
Sevogelstrasse

建筑师：Buchner Bründler
Architekten
地址：Sevogelstrasse 52,
4052 Basel
类型：居住建筑
年代：2007

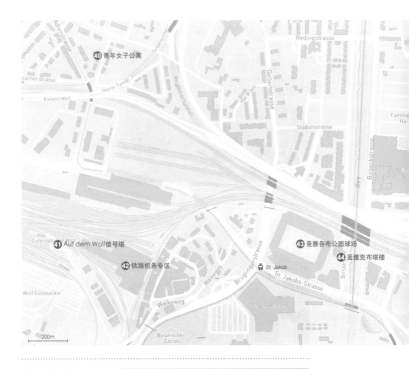

④ 青年女子公寓
Haus für allein
stehende Frauen

建筑师：Paul Artaria &
Hans Schmidt
地址：Speiserstrasse 98
4052 Basel
类型：居住建筑
年代：1929

④ Auf dem Wolf 信号塔 ✓
Signal Box Auf dem Wolf

建筑师：赫尔佐格与德梅隆
地址：Auf dem Wolf,
4052 Basel
类型：交通建筑
年代：1994

青年女子公寓

建筑整体呈 L 形布局，东侧体量沿街布置，西侧体量深入到花园当中。建筑采用钢框架结构和预制构件，6 周时间即完成施工，共有 21 套房间。东侧为主体部分，共有 15 套房间，西侧体量有 6 套房间，面积较大，并有南向开敞阳台。设有屋顶平台。

Auf dem Wolf 信号塔

该信号塔用于监控火车的运行状况。建筑为双层立面，外立面采用 20 厘米宽的铜质金属条密排包裹而成，在开窗部位金属条扭转 90 度，使得自然光可以渗入室内。现代化的信号站主要采用电脑数据监控，因而降低了对外界视线的要求，也使得本方案成为可能。1999 年另一座信号塔采用相似的设计手法，不同之处在于该座信号塔平面为不规则多边形，通过每层楼板的扭转使得有效空间最大化。

㊷ **铁路机务专区**
Railway Engine Depot

建筑师：赫尔佐格与德梅隆
地址：Walkeweg 55
4053 Basel
类型：交通建筑
年代：1995

㊸ **圣雅各布公园球场**
St. Jakob Park

建筑师：赫尔佐格与德梅隆
地址：St. Jakobs-Strasse
395 4052 Basel
类型：体育建筑
年代：2001

铁路机务专区

240米长的混凝土建筑，屋顶等距布置着长向的玻璃采光体，并种植附近采集的植被，将自然光引入开敞的工作间。建筑包括顶层的管理用房和餐厅。极大提高了巴塞尔东西部工业区的城市品质。

圣雅各布公园球场

巴塞尔足球俱乐部的主场，可容纳39000座位，组成了包含基础设施、车站、商店、餐厅的体育综合体，结合各个标高的入口，采用了可打开的膜结构的立面，面向铁路采用了更高的膜结构以遮挡噪声。

圣雅克布塔楼

塔楼位于高速路路口，作为进入城市的标志性建筑，底层以内凹的形式对外开放，将人引入体育场平台，上层建筑设计为通透光亮的晶体造型，包含37个豪华办公间。通高的全景窗和退降的阳台形式朝向南侧，提供完美的视野。

㊹ **圣雅克布塔楼**
St. Jakob Turm

建筑师：赫尔佐格与德梅隆
地址：Birsstrasse 320
4052 Basel
类型：居住建筑
年代：2008

利口乐仓库 / 赫尔佐格与德梅隆

巴塞尔乡村州 Basel-Landschaft

09 · 巴塞尔乡村州
建筑数量：13

02 艾克泰隆商务中心
01 艾克泰隆研发实验大楼

Allschwil, Gartenstrasse

100m

03 Spittelhof住宅区

Biel-Benken   🚌 Biel-Benken BL, Dorf

200m

艾克泰隆研发实验大楼

对功能直接简单的反映，并指涉现代主义工业建筑的传统。对细部的节制处理对应着不远处商务中心夸张高调的造型，提供园区多样化的参观体验。

艾克泰隆商务中心

项目位于艾克泰隆综合体的中心。强调办公环境的创新、开放与交互。6层空间提供350人的工作环境。钢结构保证了各层堆叠形体的自由悬挑。各层平面交汇在四个竖向交通核，绿植屋面、自动遮阳、太阳能电池等设施避免了由于体形系数过大而产生的能量浪费。

Spittelhof 住宅区

由坡地上两列带有南向庭院的联排住宅以及顶端三层的出租公寓组成。所有单元设置了独立的入口和楼梯，平面则注重自然采光，单元间犬牙交错地排列在一起。墙板结构清晰地呈现在立面上。

01 艾克泰隆研发实验大楼
Actelion Research
And Laboratory Building

建筑师：赫尔佐格与德梅隆
地址：Gewerbestrasse 12
4123 Allschwil
类型：科教建筑
年代：2012

02 艾克泰隆商务中心
Actelion Business Center

建筑师：赫尔佐格与德梅隆
地址：
Hegenheimermattweg 95
4123 Allschwil
类型：办公建筑
年代：2010

03 Spittelhof 住宅区
Spittelhof Housing Estate

建筑师：彼得·卒姆托
地址：Am Rain 8
4105 Biel-Benken
类型：居住建筑
年代：1996

④ 蓝房子
Blaues Haus

建筑师：赫尔佐格与德梅隆
地址：Reservoirstrasse 16,
4104 Oberwil
类型：居住建筑
年代：1980

⑤ 收藏家住宅 ✓
House for an Art Collector

建筑师：赫尔佐格与德梅隆
地址：Brühlstrasse 120
4500 Solothurn
类型：居住建筑
年代：1986

蓝房子

赫尔佐格与德梅隆的处女作，为三口之家使用。体量尊重当地民居，而克莱因蓝的立面是其最突出的特点。由于预算原因，室内空间十分狭小，仅供基本功能使用。蓝房子可看做建筑师后期作品的原型之一。

收藏家住宅

坐落于坡地之上，上层为居住空间，下层为停车与展览。长条形的双坡屋顶住宅以松木板和混凝土预制单元组成，混凝土的基座上，一道混凝土墙定义了上层花园与下层的庭院的边界，作为异质元素统领了整个空间的构成。

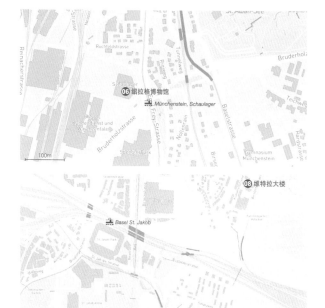

绍拉格博物馆

介于博物馆与仓库之间的建筑，为 Emanuel Hoffmann 的收藏与学者专家的研究提供了场所。沉重的外墙层垒而成，混入了地段内挖掘出的鹅卵石。整个立面组成的巨大人口前院面向城市空间，由实际人口的小房子把守着。

穆滕茨合作社区

合作居住的范式，该运动由 Dr Bernhard Jäggi 发起。强调社会组织的公平。建筑师在该方案中贯彻了自己对社会住宅、社区规划以及土地利用的理念。并受到英国花园城市的设计理念的影响。社区用地为三角形，总体采用对称布局，南北互为镜像。共有 150 套房间，高两层，每套房间包含 5 ~ 7 间用房。绿地率达到 60%。

维特拉大楼

由于 10 米的建筑高度限制以及灵活的办公空间需求，盖里设计了一个相对中性的空间，将传统与开放式景观处理的办公室结合，开窗自然通风以及巨大的雨棚满足了室内禁止采用空调的规范。

06 绍拉格博物馆 ✅
Schaulager

建筑师：赫尔佐格与德梅隆
地址：Ruchfeldstrasse 12,
4142 Münchenstein
类型：文化建筑
年代：2003
备注：该博物馆仅在展览时期开放，开放时间亦会根据不同时间段调整，参观前请查询博物馆官方网站：
http://schaulager.org/

07 穆滕茨合作社区
Siedlungsgenossenschaft
Freidorf

建筑师：Hannes Meyer
地址：Freidorf 151,
4132 Muttenz
类型：居住建筑
年代：1921
备注：http://freidorf-
muttenz.ch/

08 维特拉大楼
Vitra Headquarters

建筑师：弗兰克·盖里
地址：Klünenfeldstraße 22
4127 Basel
类型：办公建筑
年代：1994

....

⑩ 利口乐办公楼
Marketinggebäude

建筑师：赫尔佐格与德梅隆
地址：Baselstrasse 31
4242 Laufen
类型：办公建筑
年代：1998

利口乐办公楼

赫尔佐格与德梅隆为利口乐设计的第四座建筑。两层的多边形办公楼采用了单一的玻璃单元，并使用绳网等柔性材料辅以攀爬植物，消隐于环境中，三层不同色彩的窗帘由 Trockel & Schiess 设计，整个建筑不断变化着虚像与表情。

⑩ 利口乐办公楼加建
Ricola Addition

建筑师：赫尔佐格与德梅隆
地址：Baselstrasse 89
4242 Laufen
类型：商业建筑
年代：1991

利口乐办公楼加建

与建筑师往常的思路不同，加建建筑采用巨大的黑色钢结构如桌子一般横跨于原两层的办公楼之上，与原结构似有似无地联系着。面向庭院的一侧钢梁悬挑而出，覆盖着整个庭院。

⑪ 利口乐仓库 ◐
Lagerhaus

建筑师：赫尔佐格与德梅隆
地址：Baselstrasse 89
4242 Laufen
类型：其他
年代：1986-1987

利口乐仓库

赫尔佐格与德梅隆早期代表作之一，如同生物一般会呼吸的纤薄石板表皮通过更加小巧的钢龙骨与隐藏着的保温层相连，满足仓库的多种功能需要。大小渐变的横向表皮最终落在竖向肋板的地基上，冲突与怀疑、暧昧与反转汇聚在这座仓库建筑之中。

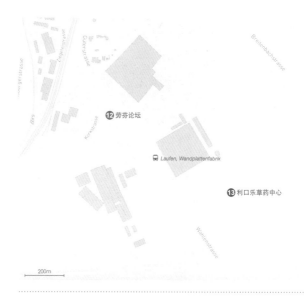

⑫ 劳芬论坛

Laufen, Wandplattenfabrik

⑬ 利口乐草药中心

200m

⑫ 劳芬论坛
Laufen Forum

建筑师：Nissen & Wentzlaff
Architekten
地址：Wahlenstrasse 41
4242 Laufen
类型：办公建筑
年代：2009

劳芬论坛

作为整个劳芬园区的一部分，以壳状结构体现出其公共的展览、活动属性。底层完全架空为停车区域，两个曲线形楼梯连接展厅与上层的陈列空间，平面的核心是交通筒和设置了天光的中庭，外部则开放地与另两座办公建筑结合在一起。

⑬ 利口乐草药中心
Ricola Kräuterzentrum

建筑师：Ramser Schmid
Architekten
地址：Wahlenstrasse 143
4242 Laufen
类型：其他
年代：2014

利口乐草药中心

为表现利口乐的自然哲学，位于田野之中的草药制造中心采用了预制的夯土立面单元拼接而成，全部由当地黏土、泥灰等材料制作，并与内部结构脱开独立承重，长向的体量呼应着原有路径，巨大的圆窗为室内提供照明。

歌德堂 / Rudolf Steiner

卜口
索洛图恩州 Solothurn

10 · 索洛图恩州
建筑数量：10

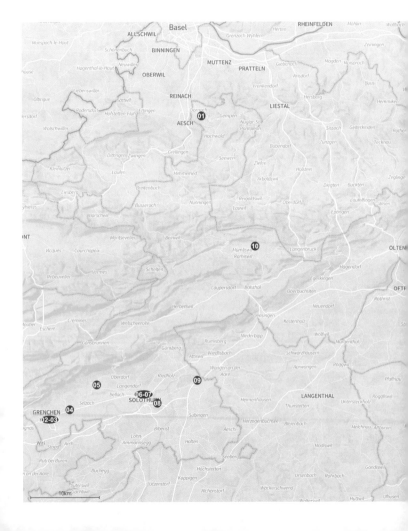

歌德堂

第二歌德堂建于烧毁的第一歌德堂原址之上，并采用现浇混凝土，人智学创始人 Rudolf Steiner 创造出其室内外雕塑感的形态，尺度震撼。除定期举行歌德戏剧的演出外，还作为国际人智学协会的中心，每年迎来超过 150000 名游客。除歌德堂外，整个小镇上遍布着 Rudolf Steiner 设计的住宅作品，有三条步行路线可供参观。

帕克剧院

该剧院位于格伦兴火车北站的东南侧，建筑平面呈 L 形，在东北方向围合形成入口广场。作为瑞士第一座多功能剧院，建筑内置有观演厅、餐厅、休憩厅以及不同规模的活动室，可以对外租用。建筑饰面材料采用红砖与铜，屋顶形式为单坡与双坡相结合，体现了从现代主义向人情化建筑的转向。

格朗日美术馆加建

面向火车南站的美术馆新馆利用城市设计的手段呼应了周边环境，其入口直接面向火车站，加强了美术馆的公共属性，不断变化宽度的平面围合出雕塑庭院，而用 10cm 铁片编织的立面逐步氧化为砖红色，拟合火车站的环境。

❶ 歌德堂 ⌖
Goetheanum

建筑师：Rudolf Steiner
地址：Rüttiweg 45
4143 Dornach
类型：观演建筑 / 其他
年代：1928
备注：https://www.
goetheanum.org
开放时间：每天 08:00-22:00

❷ 帕克剧院
Park Theater

建筑师：Joachim Naef,
Ernst & Gottlieb Studer
地址：Linde Strasse 41
2540 Grenchen
类型：观演建筑
年代：1955
备注：http://www.parkth
eater-grenchen.ch/
演出开始前一小时开放。

❸ 格朗日美术馆加建
Erweiterung Kunsthaus
Grenchen

建筑师：ssm Architekten
地址：Bahnhofstrasse 53
2540 Grenchen
类型：文化建筑
年代：2006-2008
备注：http://kunsthausgr
enchen.ch/
开放时间：周三至周六 14:00-
17:00；周日 11:00-17:00；周
一周二关闭

04 圣克莱门特教堂
Katholische Kirche St. Klemens

建筑师：Walter Förderer
地址：Kirchgasse 7, 2544 Bettlach
类型：宗教建筑
年代：1966-1969
备注：www.stklemenz.ch

05 圣灵教堂
Heilig Geist Church

建筑师：Roland Hanselmann, Heinz Islor
地址：Kirchweg 1, 4514 Lommiswil
类型：宗教建筑
年代：1969

圣克莱门特教堂

该教堂建于原 19 世纪的教堂原址上，为 Walter Förderer 著名的九座水泥教堂之一。轻质混凝土墙壁减轻了重量，并增强了保温效果，同时解放了墙面洞口，使自由的雕塑语言从室外延伸至室内巨大的礼拜堂，与橡木的家具和线脚形成对比，教堂中还布置了瑞士艺术家 Otto Müller and Marc Tobey 的艺术作品。

圣灵教堂

贝壳形的礼拜堂采用了双曲抛物面壳钢筋混凝土结构，其跨度达到 20 米，屋顶与墙体脱开，试图挑战重力，引入侧向天光，形成自由的平面构成。圆形彩色玻璃窗成为圣坛和人口的标志性装饰。

06 Kulturfabrik Kofmehl音乐厅
07 布吕尔体育中心

08 新使徒教堂

200m

100m

Kulturfabrik Kofmehl 音乐厅

丁堂采用了 1:1.6:2.33
约黄金音响比例，环绕
着有独立入口的后台、卫
生间、大厅。所有空间被
整合于一个方盒子中，覆
盖着金属板，各立面设
计了不同的元素。正立
面正对着街道，设置了轻
质的滑动门，和如"眨
眼"的一扇方形景窗，与
成镇和汝拉山脉的景色
相连。

布吕尔体育中心

结构工程师 Heinz Isler
的标志性曲面混凝土薄
壳结构之一，整个中心分
为东西两个矩形体量，各
有三个薄壳单元组成，形
成 48 米跨度的室内网球
场，屋顶的圆形洞口引
入天光。

新使徒教堂

采用了经典的新教徒教
堂平面，唯一不同是将
合唱席旋转了 90°，下
层布置辅助房间，并以 V
形柱支撑起整个教堂，曲
面墙壁包裹着室内，模
糊了地面与墙的区别，并
引入祭坛上的天光。

06 Kulturfabrik Kofmehl 音乐厅
Kulturfabrik Kofmehl

建筑师：ssm Architekten
地址：Kofmehlweg 1,
4503 Solothurn
类型：观演建筑
年代：2005
备注：https://kofmehl.net/

07 布吕尔体育中心
Brühl Sports Center

建筑师：Heinz Isler
地址：Hans Huber-Strasse
43, 4500 Solothurn
类型：体育建筑
年代：1982

08 新使徒教堂
Neuapostolische Kirche

建筑师：smarch
地址：Hauptstrasse, 4528
Zuchwil
类型：宗教建筑
年代：2005-2007

⑨ 儿童之家
Genossenschaftliches
Kinderheim Mümliswil

建筑师：Hannes Meyer
地址：Habstangenweg
335
4717 Mümliswil
类型：科教建筑
年代：1939

⑩ 奥尔腾泳池
Strandbad Olten

建筑师：Ernst Gisel
地址：Schützonmattweg 3
4600 Olten
类型：体育建筑
年代：1939
备注：http://www.badi-
info.ch/a/olten.html

儿童之家

汉斯·迈耶于1928年至
1930年担任包豪斯校
长，卸任后在莫斯科居
住，并于1936年返回瑞
士，该建筑便是在这段
时间设计完成，之后他
又移居墨西哥。儿童之
家体现了建筑师对于建
筑环境的关注，建筑位
于米姆利斯维尔-拉米
斯维尔北部的山坡上，平
面布局为L形，两翼
通过圆柱形楼梯间相连
接。该建筑于1988年进
行了改造。

奥尔腾泳池

该建筑位于奥尔腾老
城和阿勒河（River
Aare）之间，采用了
现代主义建筑的典型语
汇，包括水平向的开
窗、钢筋混凝土框架结
构、简洁的饰面设计等。

卢塞恩州 Lucerne

11·卢塞恩州

建筑数量：16

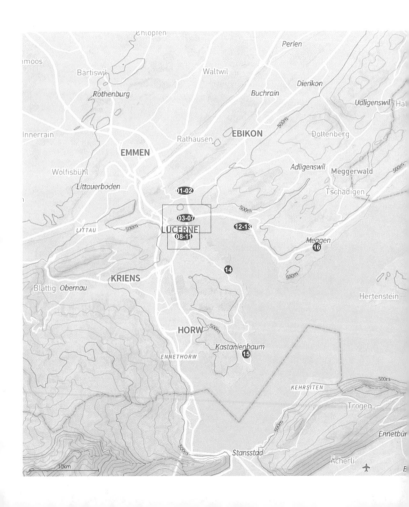

ᴼ¹ Rotsee 湖畔小屋
Lake Rotsee Refuge

建筑师：AFGH
地址：Rotsee 6004 Luzern
类型：其他
年代：2012
坐标：47° 3'50.20"N,
8° 18'10.18"E
备注：每年夏季划船比赛时开
放三周，其余时间关闭。

ᴼ² 濒死狮子像 ✓
Sarnen Kollegiumskirche

建筑师：Bertel Thorvaldsen
地址：Denkmalstrasse
6006 Löwenplatz
类型：其他
年代：1821

Rotsee 湖畔小屋

通过混凝土廊架的支撑
而探进湖面。混凝土结构
的建筑外饰木面，内部天
花与墙面装饰为木材，地
面是素混凝土。

濒死狮子像

由丹麦雕塑家巴特尔·托
瓦尔森设计，用以纪念法
国大革命中牺牲的瑞士
雇佣兵。被马克·吐温
评为世界上最感人的石
象，其雕刻于一面垂直的
山壁之上，山壁前为一片
水池和绿地，以雕刻为中
心，组成了闹市区中的一
座公共花园。

03 德莱林登学校

05 至莱奥德伽尔教堂

Haldenstrasse

Schweizerhofquai

04 Migros购物中心

Seebrücke

06 卡佩尔桥

Kapellbrücke

Luzern

LUCERNE

MUSEGG

07 斯普洛耶桥

Reuss

Burgers

Hirschengraben

100m

㉝ **德莱林登学校**
Dreilinden School
Propsteimatte

建筑师：Lussi + Halter
地址：Dreilindenstrasse
2-20,6006 Luzern
类型：科教建筑
年代：2005

德莱林登学校

五角形平面围合出矩形教室房间与庭院，这座27000平方米的建筑厚重的外墙模仿当地建筑，而橡木材质的室内营造了温暖的学习氛围。

㉞ **Migros 购物中心**
Migros Shopping Centre

建筑师：Diener & Diener
地址：Hertensteinstrasse
25,6004 Luzern
类型：商业建筑
年代：2001

Migros 购物中心

方案位于老城区与沿湖路的交汇处，与对面教堂形成对比。由酸洗铜板组成的立面单元作为模数，深绿色的立面融合于不断着数列的城市环境中。

㉟ **圣莱奥德伽尔教堂**
Hofkirche St. Leodegar

地址:St. Leodegarstrasse 6,
6006 Luzern
类型：宗教建筑
年代：17 世纪
备注：http://www.kathl-
uzern.ch/st-leodegar-im-
hof

圣莱奥德伽尔教堂

经过多次改建，由罗马式变为哥特式，最终成为德国后期文艺复兴时期最大、美术史丰富的教堂之一。有世界最大的管风琴之一。由廊桥一路向前，到教堂前的石阶，形成了参拜教堂的空间序列。

㊱ **卡佩尔桥** ⓥ
Kapellbrücke

地址：Kapellbrücke, 6002
Luzern
类型：交通建筑
年代：1993

卡佩尔桥

原桥为世界上最古老的木制廊桥之一，于1993年大火后重建，部分三角形版画为原作，呈八角形的水塔。与有着500多年历史的穆塞格城墙一样，都是琉森防御工事的一部分。

㊲ **斯普洛耶桥**
Spreuerbrücke

地址：Spreuerbrücke,
6004 Luzern
类型：交通建筑
年代：2005-2007

斯普洛耶桥

卢塞恩第二座廊桥，历史课追溯至1408年，以木拱结构支撑为特色，画家梅林格（Kaspar Meglinger）以黑死病为主题，在桥上绘制了67幅画，名为死亡之（Dance of Death）。目前该桥作为河上水利设施的一部分。

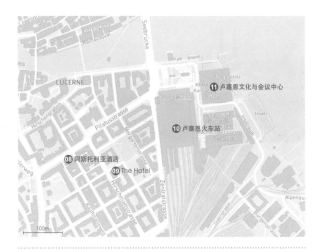

08 阿斯托利亚酒店
Astoria Luzern

建筑师：赫尔佐格与德梅隆
地址：Pilatusstrasse 29
6002 Luzern
类型：商业建筑
年代：2007
备注：www.astoria-luzern.
ch

09 The Hotel

建筑师：让·努韦尔
地址：Sempacherstrasse 14
6002 Luzern
类型：商业建筑
年代：2006
备注：http://the-hotel.ch/

10 卢塞恩火车站
Bahnhof Luzern

建筑师：圣地亚哥·卡拉特拉瓦
地址：Bahnhofplatz 1
6003 Luzern
类型：交通建筑
年代：1989

11 卢塞恩文化与会议中心 ⚓
KKL Luzern

建筑师：让·努韦尔
地址：Europaplatz 1
6005 Luzern
类型：文化建筑
年代：1995-2000

阿斯托利亚酒店

在原建筑的基础和狭窄地块的限制下，建筑师采用两个水晶石般造型的玻璃建筑填充地块，并增加了12个会议室和90个客房。

The Hotel

改造项目，将原建筑改造为旅馆与餐厅，包括25间客房。位于地块角部，与火车站相距百米，酒店紧邻Vogeligärtli公园。建筑外观保留原有建筑的特点，采用简洁的线条，与室内的丰富形成对照。

卢塞恩火车站

原火车站于1971年火灾中被毁，卡拉特拉瓦设计了新的入口大厅，其轻巧充满张力的设计呼应了湖边的环境，无柱空间解放出地面层与地下层宽敞的商业空间，弧形的顶棚将自然光引入进来。

卢塞恩文化与会议中心

整个综合体被分为三个部分：音乐厅、会议中心还有卢塞恩博物馆。所有公共活动都发生在同一个巨大屋顶之下，屋顶边缘如金属片般轻薄，形成地面偌大的公共广场，呼应着湖光山色与古老的城区。

瑞士交通博物馆之多功能楼

入口建筑连接了交通博物馆的 IMAX 影院、铁路交通展厅和几座高层建筑。首层布置售票处、商店。二层则为会议室。U 型玻璃的透明表皮内展示着各类车轮、齿轮、涡轮等圆形的交通机械现成品构成。

⑫ **瑞士交通博物馆**
多功能楼
Verkehrshaus

建筑师：Gigon Guyer
Architekten
地址：Lidostrasse 5,
6006 Lucerne
类型：文化建筑
年代：2009
备注：https://www.
verkehrshaus.ch

瑞士交通博物馆之公路
交通展厅

通高的边庭中展示着各类汽车的立体停车平台，供游客进行互动展示，体现了建筑与展陈设计的高度综合。立面由大量金属公路标志组成，回应了公路主题的同时也强调了瑞士各个地方。背面标志被翻转过来，暗示着交通的流向。

⑬ **瑞士交通博物馆**
公路交通展厅 ◉
Verkehrshaus

建筑师：Gigon Guyer
Architekten
地址：Lidostrasse 5,
6006 Lucerne
类型：文化建筑
年代：2010
备注：https://www.
verkehrshaus.ch

⑭ Schönbühl 住宅
Hochhaus Schönbühl

建筑师：阿尔瓦·阿尔托
地址：Langensandstrasse
23, Luzern
类型：居住建筑
年代：1966-1968

⑮ 卡斯坦宁堡联排住宅
Kastanienbaum Twin
Houses

建筑师：Lussi + Halter
地址：Sankt
Niklausenstrasse 75, 6047
Horw
类型：居住建筑
年代：2011

Schönbühl 住宅

整个区域城市设计的一部分，由两位重量级建筑师联袂设计，阿尔托的高层住宅采用了富于变化的扇形平面，使各个住宅单元都可以获得良好的景观朝向。住宅与 Roth 设计的商场连接起来成为一座城市中的综合体。

卡斯坦宁堡联排住宅

这座长方形的联排住宅坐落于卢塞恩湖畔，环绕着橡树、栗树的树丛中，混凝土悬挑建筑定义出外庵，宽阔的阶梯通向森林，强调出自然中的生活概念。

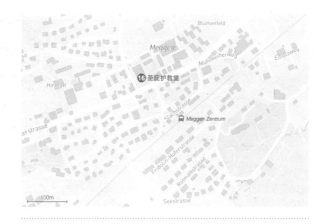

⑯ 圣庇护教堂 ✓
Piuskirche

建筑师：Franz Füeg
地址：Dreilindenstrasse 2, 6045 Meggen
类型：宗教建筑
年代：1966
开放时间：全天开放，宗教仪式（周六晚，周日早）不开放
备注：https://kofmehl.net/

瑞士建筑师Franz Füeg的代表作，严格的长方体建筑全部采用了轻质钢结构下半透明大理石的表皮，日间室内被透过的自然光照亮，产生含蓄而浪漫的宗教氛围。而灰色克制的外部效果和高耸的钟塔形成了湖岸上视觉的焦点，并与室内的辉煌效果形成了强烈的反差。

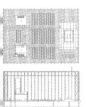

圣庇护教堂平面图、剖面图

阿苔市场 / Miller & Maranta

12
阿尔高州 Aargau

12 · 阿尔高州

建筑数量：29

巴特塞京根廊桥

长达 203.7 米，为欧洲最长的木廊桥。5 米宽的廊桥横跨莱茵河，连接德国的巴特塞京根和瑞士的施泰恩村。原建于 1272 年，后三次被毁(1570 年、1633 年、1678 年)，后于 1700 年重建，目前为步行桥。

科布伦茨阿勒河铁路桥

长达 236 米，为连接科布伦茨与瓦尔茨胡特两座城市的单轨桥，平面呈弧线型，半径 350 米，由 5 品单跨钢桁架组成。

瓦尔茨胡特－科布伦茨莱茵河桥

长达 190 米，最长一跨达 54.9 米，是欧洲为数不多的保存完好、也是最古老的钢格桁架桥，同样为连接科布伦茨与瓦尔茨胡特两座城市的双轨桥。其结构为锻铁箱型桁架，由两座混凝土桥墩支撑。

01 巴特塞京根廊桥
Holzbrücke Bad
Säckingen

地址：Holzbrücke
4332 Stein
类型：交通建筑
年代：1700

02 科布伦茨阿勒河铁路桥
Aarebrücke Koblenz

地址：47° 35'51''N,
8° 13'17''E
类型：交通建筑
年代：1892

**03 瓦尔茨胡特 - 科布伦茨
莱茵河桥**
Rheinbrücke Waldshut–
Koblenz

建筑师：Robert Gerwig
地址：Rheinbrückenstraße
79761 Waldshut-Tiengen
类型：交通建筑
年代：1858

13 阿劳老州立学校麦因斯堡楼

11 阿劳自然历史博物馆

10 阿劳公交站

12 阿劳火车站

09 阿尔高州档案馆

06 Kasernen停车场

05 阿劳博物馆

07 阿劳市场

08 阿尔高美术馆扩建

04 旧正念礼拜堂

Feerstrasse

Poststrasse

Kasinostrasse

100m

归正会教堂

位于阿劳老城区的西北角，晚期哥特式教堂，简洁的立面与�长的尖拱窗，建筑呈东西朝向，中殿位于东侧，塔楼位于北侧。教堂东南侧为广场，设置有"正义喷泉〈Gerechtigkeitsbrunnen〉"成为阿劳老城区的中心地带。彩色玻璃窗，高耸的钟塔，成为地区的标志性建筑和视觉中心。钟塔下方的公园平台是教科书级的城市设计。

阿劳博物馆

新建筑与古老的塔楼连接在一起，形成复杂的空间剖面构成，并围合出馆前的广场。交通核心位于两者之间，新与旧形成对比，立面为艺术家以原场地内的树木创作的人物版画雕刻为石板组成，博物馆以阿劳市主题设计展陈，展览质量颇高。

Kasernen 停车场

毗邻老城区的停车场入口建筑，低调的混凝土体量以简洁有力的折面强调出入口，并向前广场呈现出开放的姿态，呼应周边的历史建筑。L 形平面区分了人行入口和地下错层停车场车行入口。

阿劳市场

阿劳古城中唯一的现代建筑，全木结构，以中间一根立柱为核心，形成开放灵活的多边形市场布局，立面竖向木格栅以纯木榫无钢件方式连接，分割为上下两层，下层封闭，上层开敞，使建筑处于既开放又私密，既清晰又暧昧，既透明又结实的状态。

阿尔高美术馆扩建

阿尔高美术馆 1959 年成立，是瑞士最重要的美术馆之一，2003 年的扩建部分增加 3000 平方米的展陈面积，建筑通过城市和景观设计巧妙地将微微翘起的屋顶与后面的公园相连，并通过大型旋转楼梯与地面道路相连，形成新馆入口，绿色玻璃的立面将博览自然与城市，并将博物馆入口公共空间融入城市空间。

⑭ **归正会教堂**
Reformierte Stadtkirche

建筑师：Johannes von Gundeldingen,
Sebastian Gisel von Laufen
地址：Kirchplatz,
5000 Aarau
类型：宗教建筑
年代：1478
开放时间：8:00-18:00
备注：http://www.ref-
aarau.ch/"

⑮ **阿劳博物馆** ✪
Stadtmuseum Aarau

建筑师：Diener & Diener
地址：Schlosspl. 23, 5000
Aarau
类型：文化建筑
年代：2015
备注：http://www.
stadtmuseum.ch/
开放时间：周二、周三、周
五 11:00-18:00；周四 11:00-
20:00；周六、周日 11:00-
17:00；周一关门

⑯ **Kasernen 停车场**
Kasernenparking Aarau

建筑师：Schneider &
Schneider Architekten
地址：Laurenzenvorstadt 20
5000 Aarau
类型：交通建筑
年代：2009

⑰ **阿劳市场** ✪
Kapellbrücke

建筑师：Miller & Maranta
地址：Färbergässli, 5000
Aarau
类型：商业建筑
年代：2002

⑱ **阿尔高美术馆扩建** ✪
Aargauer Kunsthaus

建筑师：赫尔佐格与德梅隆
地址：Aargauerplatz 1
5001 Aarau
类型：文化建筑
年代：2003
备注：http://www.aargau-
erkunsthaus.ch
开放时间：周二至周日 10:00-
17:00；周四 10:00-20:00；周
一关门

⑨ 阿尔高州档案馆
Staatsarchiv des
Kantons Aargau

地址：Entfelderstrasse 22,
5000 Aarau
类型：文化建筑
年代：1998
备注：周一不开放；周二至周
五：8:30-17:00；周六：8:30-
17:00（除七八月）
https://www.ag.ch/
de/bks/kultur/archiv_
bibliothek/staatsarchiv/
staatsarchiv.jsp"

⑩ 阿劳公交站 ✔
Bushofdach Bahnhof
Aarau

建筑师：Vehovar & Jauslin
Architektur AG
地址：Bahnhofplatz, 5001
Aarau
类型：交通建筑
年代：2011 - 2013

⑪ 阿劳自然历史博物馆
Naturama Aarau

建筑师：Scheitlin Syfrig
Architekten
地址：Am Bahnhofplatz
5001 Aarau
类型：文化建筑
年代：1997
备注：周一闭馆，其余时间
10:00 - 17:00；媒体中心周二
至周五 13:30 - 17:00 开放
http://www.naturama.ch/

⑫ 阿劳火车站
Kapellbrücke

建筑师：Theo Hotz Partner
Architekten
地址：Bahnhofplatz, 5001
Aarau 类型：交通建筑
年代：2014

⑬ 阿劳老州立学校爱因斯坦楼
Alte Kantonsschule Aarau
Einsteinhaus

建筑师：Karl Moser
地址：Bahnhofstrasse 91,
5001 Aarau
类型：科教建筑
年代：1894
备注：www.alte-edged-
aarau.ch

阿尔高州档案馆

该建筑共有 6 组单元母
题构成，东侧 2 组、西
侧 4 组，每组母体呈八
边形，对角相接。外饰
面采用红色墙砖。建筑
利用原有的地势高差，东
侧高、西侧低在东北侧围
合形成广场，作为建筑群
的入口空间高四层，在角
部二三四层向外悬挑，形
成一层的廊下空间。

阿劳公交站

世界上最大的单腔膜气
垫结构，四个 120 米长
的聚乙烯管供应充气，轻
盈钢结构顶棚如蓝色云
朵般漂浮于广场之上，中
央洞口增加了清凉通透
之感，形成广场与主街
的缓冲空间。

阿劳自然历史博物馆

加建部分重新划分博物
馆功能，将展览与储藏
布置于新馆，办公置于旧
馆，新馆通过连桥与围
合出的小庭院与旧建筑
相连，同时界定东侧湖
面与树木组成的花园，形
成城市景框。

阿劳火车站

三个线性体量穿插界定
出新火车站的上层办公
空间与地面层车站大
厅，极致轻盈的玻璃幕
墙反射着周边的历史建
筑，底层完全向站前广
场开放。

**阿劳老州立学校爱因斯
坦楼**

瑞士最古老的世俗学
校，成立于 1802 年，共
有 5 栋建筑组成，包括
以物理学家阿尔伯特·爱
因斯坦命名的综合楼，其
中有行政办公、天文
台、学生住宿等功能。

⑭ Aarestege Auenstein –
Rupperswil桥

② 圣安东尼教堂

⑭ Aarestege Auenstein–
Rupperswil 桥

建筑师：Conzett Bronzini
Partner
地址：47° 24'49.13"N,
8° 8'36.85"E
类型：交通建筑
年代：2008-2010

⑮ 圣安东尼教堂
Pfarrei St. Antonius

建筑师：Justus Dahinden
地址：Stroheggstrasse 2
5103 Möriken-Wildegg
类型：宗教建筑
年代：1969

Aarestege Auenstein –
Rupperswil 桥

连接河中岛的两座步行
桥，由 Conzett 设计了应
力丝带桥结构，宽度仅为
2.2 米，长度分别为 105
米、85.5 米。钢结构斜
撑保证了巨大的跨度，避
免对河流以及生态环境
产生任何干扰，两条钢
带支撑起桥的重量，同
时抵抗横向风力和振动。

圣安东尼教堂

环形平面，不同于传统
的经典教堂空间序列，祭
坛位于中心处，其他区
或环绕布置。外饰面为
金属挂板。建筑因地形
螺旋上升，在中心处达
到最高点，成为区域内
的地标建筑。

㉒ Aaresteg Müllimatt桥

㉓ 温迪施Müllimatt体育育中心

㉑ IBB车间

⑳ Brugg-Windisch园区

⑰ 黑塔

⑱ Vindonissa考古博物馆

⑲ 布鲁格儿童之家

⑯ 公寓山

⓰ 公寓山
Bruggerberg

建筑师：Ken Architekten
地址：Herrenmatt 5
5200 Brugg
类型：居住建筑
年代：2013

⓱ 黑塔
Schwarzer Turm

建筑师：Diener & Diener
地址：Rathausplatz 2,
5200 Brugg
类型：文化建筑
年代：12 世纪末

公寓山

公寓沿山势而建，通高的楼梯将 16 所公寓呈阶梯状相连，屋顶庭院保证了良好视野和邻里私密性，简洁的外观和材质颜色的运用如同嵌入山体之中。地面层的停车场隔绝了公路的噪音。

黑塔

布鲁格最为古老的地标性建筑，位于老城的北沿，紧邻阿勒河（River Aare）。塔高 25.7 米，底层平面为方形，边长 9.3 米，采用石灰岩。墙体厚度从底部到顶部逐渐变窄，底部厚约 2.3 米，顶部仅为 1.1 米。塔楼的西侧和南侧为市政厅所系统，建于 1579 年，晚期哥特式风格。

⓲ Vindonissa 考古博物馆
Vindonissa Museum

建筑师：Albert Froelich
地址：Museumstrasse 1,
5200 Brugg
类型：文化建筑
年代：1912
备注：https://www.ag.ch/
de/bks/kultur/museen_
schloesser/vindonissa_
museum/vindonissa_
museum.jsp 开放时间：周
二至周五、周日：13:00-
17:00，周一、周六闭馆，仅
对学校和团体开放，须提前
预约

Vindonissa 考古博物馆

瑞士文化遗产名录 A 级。"该博物馆建于 20 世纪初，受到新艺术运动的影响，建筑的长向外立面上雕刻有公元 1 世纪罗马帝国皇帝的头像浮雕，建筑主体为矩形平面，位于地段的东南角，主入口位于建筑短轴立面，向东建筑底层采用拱券式窗洞，折中式风格。

布鲁格儿童之家

三个独立建筑围合出中央小广场，融入居民区的环境中，采用白色粗质涂料和石材，并利用天井为地下层采光。

⓳ 布鲁格儿童之家
Kapellbrücke

建筑师：ds.architekten
地址：Wildenrainweg 8
5020 Brugg
类型：科教建筑
年代：2010
备注：http://www.
kinderheimbrugg.ch/

⑳ Brugg-Windisch 园区
Campus Brugg-Windisch

建筑师：Büro B Architekten
地址：Gebäude 5
Alte Zürcherstrasse
5210 Windisch
类型：办公建筑
年代：2013

㉑ IBB 车间
IBB Betriebsgebäude

建筑师：Walker
Architekten
地址：Gaswerkstrasse
5，5200 Brugg
类型：办公建筑
年代：2008

㉒ Aaresteg Mülimatt 桥 ◐
Aaresteg Mülimatt

建筑师：Conzett Bronzini
Partner
地址：Gaswerkstrasse
5，5201 Brugg
类型：交通建筑
年代：2010

㉓ 温迪施 Mülimatt 体育中心
Sportzentrum Mülimatt
Windisch

建筑师：Studio Vacchini
Architetti
地址：Gaswerkstrasse 2，
5210 Windisch
类型：体育建筑
年代：2010
开放时间：周三、周五
12:00-18:00；周六至周二
14:00-17:00；周四 18:00-
20:00 免费进入，http://
sportausbildungszentrum.
ch/web/index.php/
standort

Brugg-Windisch 园区

由两个不规则多边形平
面组成，通过连桥相
连，底层后退，面向火
车站形成连续的城市界
面，并与东侧公路相连。

IBB 车间

采用锈铜板的建筑表皮
不断折叠，既是屋面也
是外墙，形成面向河面
的明确朝向。室内则采
用混凝土与木材，营造
了简洁的办公环境。

Aaresteg Mülimatt 桥

长达 182 米，瑞士最长
的步行悬带桥，连接小
镇与森林，通过三个钢
结构桥墩分为四跨，与
路径连为一体。四条钢
带承重，与 20 厘米厚度
的混凝土桥面锚固在一
起，减轻了自重，使桥
变得轻薄而优雅。

温迪施 Mülimatt 体育中心

三角形混凝土折叠的巨
大结构下是完整的体育
场空间，省去了各种附属
设施空间，所有人流车
流通过侧面广场汇集，保
证了两个方向的景观朝
向，减小了占地面积与
建筑高度。

㉔ 布亨联排住宅
Buchen Housing Estate

建筑师：圣地亚哥·卡拉特拉瓦
地址：Buchenweg 34,
5303 Würenlingen
类型：居住建筑
年代：1996

㉕ 特伦博尔德大巴客运总站
Bus Terminal Twerenbold

建筑师：Knapkiewicz &
Fickert
地址：Fislisbacherstrasse
5406 Baden-Rütihof
类型：交通建筑
年代：2006

布亨联排住宅

卡拉特拉瓦在这栋 6 个 110 平方米的三层住宅单元的联排建筑中依然采用了其签名式的流动混凝土语汇。雕塑般的斜柱定义了前院空间，并支撑起两层通高起居空间和悬挑的三层卧室，面向山林的背面则为更加通透的玻璃斜面及小巧的屋顶花园后院。

特伦博尔德大巴客运总站

新车站的巨大不规则梯形顶棚覆盖了大巴停车及旅客区域，最多可停靠 12 辆大巴，钢架底部覆盖着印有欧洲地图的绿色 PVC 膜，建筑师拒绝清晰，而采用了冲突的元素，如将钢架暴露在侧面。

26 Limmatsteg Baden-Ennetbaden 桥

建筑师：Leuppi & Schafroth Architekten AG
地址：Limmatpromenade 24 5400 Baden
类型：交通建筑
年代：2007

27 韦廷根学校食堂
Schulmensa in Wettingen

建筑师：mlzd
地址：Klosterstrasse 22, 5430 Wettingen
类型：科教建筑
年代：2008

Limmatsteg Baden—Ennetbaden 桥

本案由一座跨度 80 米的水平钢架桥，一座 30 米高的竖直电梯和水平步道三部分组成，连接巴登与对岸的恩内特巴登镇，供行人与自行车使用。棕红色的钢架与河岸环境相得益彰。

韦廷根学校食堂

作为原建筑 Löwenscheune 的延伸，新餐厅采用了原体量的原型，并进行抽象化，形成新旧对比，除水平向的联系，通过之间的楼梯组织竖向交通。黑色穿孔铝板上随机的树叶图案呼应了原修道院的自然环境。

沃伦高中

卡拉特拉瓦早期作品。他在这座高中设计了四个屋顶顶棚：入口、室内门厅、会议大厅和图书馆。四个不同的空间采用了一致的手法，无论入口不对称钢结构的翅膀主题、大厅的格网状抛物面还是图书馆内微妙的混凝土曲面，都是卡拉特拉瓦后期作品的原型。

湖边三屋

虽然是三座独立建筑，但通过公共与私密空间的不断转换连成一片。而每座住宅内部空间只有120平方米，另一半的柱廊灰空间扩大了住宅体量，宽大的落地窗直面湖面美景，而混凝土与玻璃的材质组合形成了富有现代性的对比。

㉘ 沃伦高中 ⊙
Kantonsschule Wohlen

建筑师：圣地亚哥·卡拉特拉瓦
地址：Allmendstrasse 26
5610 Wohlen
类型：科教建筑
年代：1988

㉙ 湖边三屋
La Casa delle tre donne

建筑师：Livio Vacchini
地址：Schöntalstrasse 47,
5712 Beinwil am See
类型：居住建筑
年代：1999

上山
上瓦尔登州 Obwalden

13 · 上瓦尔登州

建筑数量：06

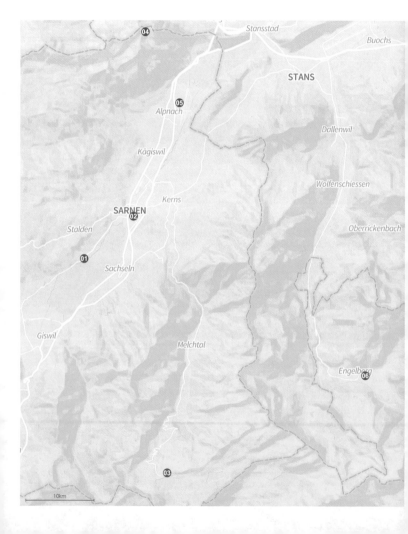

双柱宅

从地段中起伏的陡峭梯田获得灵感，由两个Y形混凝土柱支撑起预制的偌大屋顶，形成完整的结构体系和单一的室内空间，连续的玻璃立面将湖光山色引入室内，如同漂浮。轻与重，外表的平淡与室内的惊喜在此形成了强大的张力。

萨尔嫩学院教堂

这个富于雕塑感的教堂无论其充满弧线的平面、连续的巨大体量、光影、粗糙的饰面和弧形形体的对比，还有若干小礼拜堂的布局都让人想起柯布西耶的朗香教堂，而不同的是，墙体为砖材料，屋顶则为钢结构。目前该教堂主要服务于婚礼仪式和建筑系学生学习。

⓵ 双柱宅
Haus mit zwei Stützen

建筑师：Atelier Scheidegger Keller
地址：Sarnersee, Wilen, 6062 Sarnen
类型：居住建筑
年代：2009-2014
坐标：46° 52'17.25"N, 8° 12'39.89"E

⓶ 萨尔嫩学院教堂
Sarnen Kollegiumskirche

建筑师：Joachim Naef, Ernst & Gottlieb Studer
地址：Brünigstrasse 177 6060 Sarnen
类型：宗教建筑
年代：1964-1966

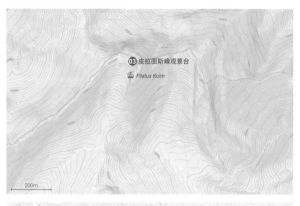

⑬ 皮拉图斯峰观景台
Panoramagalerie Pilatus Kulm

建筑师：Niklaus Graber & Christoph Steiger Architekten
地址：6010 Alpnach
类型：商业建筑
年代：2011
坐标：46°58'46.17"N,
8°15'16.93"E
备注：http://www.pilatus.com, 开放时间查询缆车时刻表

⑭ 弗鲁特家庭公寓
Frutt Family Lodge & Apartments

建筑师：Fernand Dumas
地址：Rue de la Caserne 228 2902 Fontenais
类型：居住建筑
年代：1935

皮拉图斯峰观景台

受两座山峰之间的岩石层启发，采用粗犷的钢筋混凝土材料，形体追随山体走向，横向连续的玻璃窗提供了不断变化的全景视野，酒吧、商店等多功能空间营造了压缩的城市感，成为缆车站与酒店的过渡空间。

弗鲁特家庭公寓

位于海拔 1900 米的滑雪胜地，为了融入小镇和雪山景观，分割为四个体量，并由基座与庭院相连。形态模仿了传统民居和木屋，如同巨石一般的住宅耸立在轻盈透明的基座上，又如水中山峦的倒影。多角平面与正交结构形成冲突的复杂性，温馨木质的室内成为天与地的媒介，呼应了布鲁诺·陶特的"山区建筑"观。

⑤ Walter Küng 工厂

⑤ Walter Küng 工厂
Werkhalle Walter Küng
AG

建筑师：Seilerlinhart
Architekten
地址：Chilcherlistrasse 7,
6055 Alpnach Dorf
类型：其他
年代：2013

Walter Küng 工厂

设计从对上瓦尔登地区的木构建筑传统的研究出发，从结构到外墙完全采用天然木材，试图重新定义工业厂房建筑。同时结合了甲方公司本身的建造工艺相结合，木材随时间而改变，延续、增强建成环境的场所记忆。

⑥ 英格堡修道院学校
Stiftsschule Engelberg

建筑师：Ernst Gisel
地址：Aeschiweg 2,
6390 Engelberg
类型：科教建筑
年代：1967
备注：http://www.
stiftsschule.ch/en/

英格堡修道院学校

该建筑位于修道院西北侧的坡地上，沿地势分层级布局，体育馆的屋顶被作为活动场地。该建筑是"粗野主义"的代表，方正的形态、粗犷的混凝土饰面、深凹的窗洞等进一步强化建筑形体的雕塑感。

Winkelriedhaus 博物馆新馆

上

下瓦尔登州 Nidwalden

14·下瓦尔登州

建筑数量：04

01 马特学校 / Walter H. Schaad & Emil Jauch
02 Winkelriedhaus 博物馆新馆 / UNIT Architekten
03 布伦学校扩建 / Daniele Marques & Bruno Zurkirchen
04 洪恩格别墅酒店 / Jestico + Whiles

马特学校

该学校位于卢塞恩湖的西岸，是 1950 年代早期端士校园建筑的代表之一。建筑师试图将自然环境和建筑空间相融合，将小尺度的建筑体量、明亮的室内空间等要素引入教育环境之中，并倡导在教学环节中加入与自然相接触的环节。建筑饰面和屋顶延续了传统的建筑材料和形式，在现代建筑语汇和历史地段之间寻找到均衡。

Winkelriedhaus 博物馆新馆

围合院落中的新建筑扩展了原博物馆的室外展示空间，院落以砂砾铺就，小模板混凝土体量以及白色的围墙、两扇巨大的木门呼应了原建筑，形成了新与旧的对话。这一一层建筑主要展示了下瓦尔登地区的当代艺术收藏。

⓿① 马特学校
Schulhaus Matt

建筑师：Walter H. Schaad & Emil Jauch
地址：Baumgartenweg 7
6052 Hergiswil
类型：科教建筑
年代：1954

⓿② Winkelriedhaus 博物馆新馆
Ausstellungspavillon Winkelriedhaus

建筑师：UNIT Architekten
地址：Engelbergstrasse 54 a, Stans
类型：文化建筑
年代：2012
开放时间：周一 14:00-20:00;
周二至周六 14:00-17:00; 周日 11:00-17:00
备注：http://www.nidwaldner-museum.ch/

200m

Ennetbürgen, Post

04 布伦学校扩建

Büren NW, Kirchenplatz

200m

Dallenwil

---

03 洪恩格别墅酒店
HOTEL VILLA HONEGG

建筑师：Jestico + Whiles
地址：6010 Alpnach
类型：商业建筑
年代：2011

04 布伦学校扩建
Büren School Extension

建筑师：Daniele Marques
& Bruno Zurkirchon
地址：Schuelmattliweg 3
6382 Büren NW
类型：科教建筑
年代：1992

洪恩格别墅酒店

这座五星级酒店位于海
拔 1000 米的比尔根山山
顶，俯瞰卢塞恩湖。于
层的北欧风格木构建筑
建于 1905 年，拥有 23 间
套房，特色是拥有一个
面对着山脚下湖面的无
边泳池。

布伦学校扩建

该学校扩建项目位于布
伦小镇的北侧，原有建筑
群体为若干个单独的体
量，相互之间呈现松散的
有机组织关系。扩建部分
将原有体量和开放空间
组织整合为一个整体，在
新旧建筑之间营造院落
空间。原有建筑的入口
得以保留，新旧建筑之
间通过两层高的走廊相
连。建筑饰面采用灰色水
泥，和地段现存建筑形成
呼应。立面开窗的尺寸和
形状变化反映其内部不
同的功能。建筑立面的
竖向划分减弱了建筑的
体量感，和小镇现有历
史建筑在尺度上相契合。

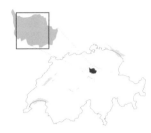

15 · 楚格州

建筑数量：08

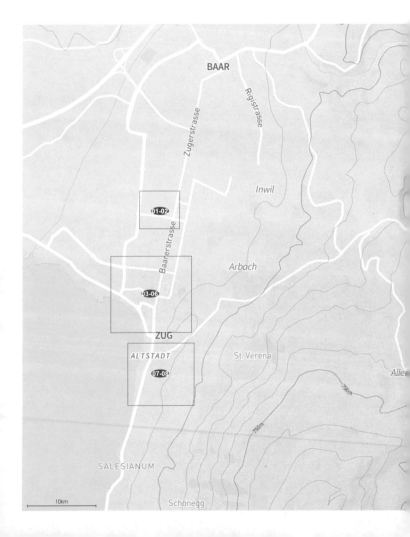

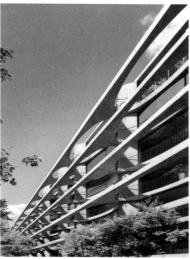

⑴ 楚格环道住宅楼 ⬀
Zug Schleife

建筑师：Valerio Olgiati
地址：Feldpark 8 – 20,
6300 Zug
类型：居住建筑
年代：2012

楚格环道住宅楼

建筑东面近乎神秘主义的椭圆形洞口楼板是起居室和阳台的延伸，与外界的距离保护了私密性，其形成的巨大光影和向心性呼应了住宅的核心主题。Olgiati 经常使用的红色混凝土与深红色玻璃、扭转的巨柱、黄铜栏杆等细节共同形成了建筑本原的强大气场。

⑵ 西门子停车楼
Siemens Car Park

建筑师：Traxon
Technologies
地址：Dammstrasse 20,
6300 Zug
类型：办公建筑
年代：2010

西门子停车楼

由灯光设计师 HEFTI.HESS.MARTIGNONI 与 Traxon Technologies 合作设计，外立面由 25900 个高亮度 LED 组成，并保持较低的运行成本及可持续性。夜间可组成彩色的灯光图案。

---

⑬ 楚格火车站
Bahnhof Zug

建筑师：Klaus Hornberger
地址：Bahnhofplatz, 6300 Zug
类型：科教建筑
年代：2000-2003

楚格火车站

城市门户式的设计完美地解决了分叉铁路交点，并形成了城市发展的新轴线。玻璃幕墙与巨大的三角形中庭表达了开放性的城市环境。James Turrell 在该建筑中完成其首个公共灯光项目，傍晚，玻璃幕墙将亮起三原色的灯光。

⑭ 城市花园酒店
City Garden Hotel

建筑师：EM2N
地址：Metallstrasse 20, 6300 Zug
类型：商业建筑
年代：2009
备注：http://www. citygarden.ch/

城市花园酒店

一个持续 10 余年的临时酒店建筑，错动的客房平面同时呼应了室外以及室内走廊空间，富有雕塑感。金属以及玻璃材质反射着周边自然树木。由于工期限制，采用了木结构与混凝土核心筒的结构形式。

⑮ 水下湖景（装置）
Seesicht

建筑师：Roman Signer
地址：Vorstadt 14 6300 Zug
类型：其他
年代：2015

水下湖景（装置）

这一策划了 5 年的项目由楚格美术馆发起，用于纪念其成立 25 周年，同时也是对 1887 年洪灾中逝去的人们的追忆。由 77 岁瑞士艺术家 Roman Signer 设计的重达 15 吨的全钢结构深入水下 5 米，最多可容纳 4 人同时进入水下，透过玻璃窗观看水中情况。该装置将被保留至 2025 年。

楚格城堡博物馆

楚格最为古老的建筑，Lenzburg 伯爵、Kyburg 伯爵、Habsburg 伯爵等曾在这里居住。1352年楚格并入联邦后，城堡归私人所有。

1979年至1982年期间，经过修复，城堡对公众开放。2012年10月开始再次进行修缮，2014年2月重新开放。城墙为圆形，建筑位于中心，保留了中世纪风格。

楚格州城市花园景观亭

整体的城市景观设计回应了老城区原有的十层地下停车场与周边的图书馆，整合场地中的复杂元素，并通过设置巨大悬挑的轻巧现代的木结构和格栅隐藏停车场的电梯与管井，利用景观植被的种植连接老城区。

楚格历史博物馆

博物馆于1930年建立，1997年迁至现址，2003年进行改扩建。该建筑原为工厂（Landis & Gyr-Fabrik），成立于1896年，单层建筑，共有8跨连续折板形成大跨空间，经过改造成为约600平方米的展陈空间。

06 楚格城堡博物馆
Burg & Museum in der Burg

地址：Kirchenstrasse 11, 6300 Zug
类型：科教建筑
年代：11世纪
备注：http://www.burgzug.ch/
开放时间：周二至周六 14:00-17:00；周日 10:00-17:00；周一不开放，每月的第一个周三免费

07 楚格州城市花园景观亭
Stadtgarten Zug

建筑师：Ramser Schmid Architekten
地址：Stadtgarten Zug, 6300 Zug
类型：其他
年代：2013

08 楚格历史博物馆
Kantonales Museum für Urgeschichte(n)

地址：Hofstrasse 15, 6300 Zug
类型：文化建筑
年代：19世纪末
备注：http://www.museen-zug.ch/urgeschichte/
开放时间：周二至周日 14:00-17:00，周一闭馆；学生或团体经预约可在开放时间以外参观，周日和节假日免费

Munot 城堡

沙夫豪森州 Schaffhausen

16・沙夫豪森州

建筑数量：03

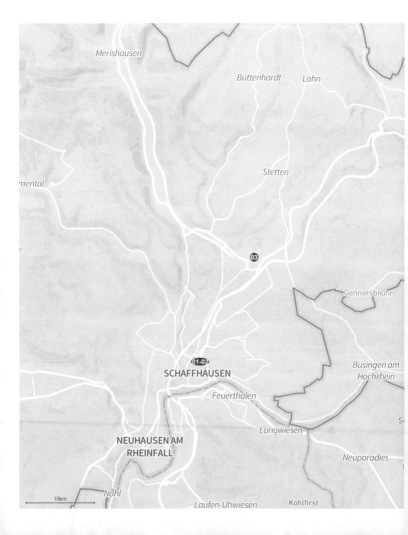

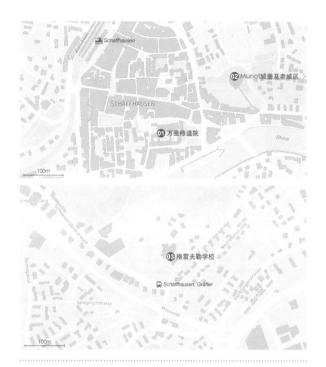

万圣修道院

瑞士少数几个保存完好的罗马式修道院建筑群之一。修道院拥有瑞士规模最大的回廊花园，结合了12世纪罗马风格与13世纪哥特式风格。所谓的"贵族墓地（Junkernfriedhof）"埋葬着1582－1874年间沙夫豪森市政当局的重要人物。

Munot 城堡及老城区

这座环形要塞位于老城区的高地之上，建于16世纪。是沙夫豪森城的标志。直通山脚的长廊形成的扇形防御区与壕沟组成了完整的防御体系。如今是城市重要的开放空间。古城区以171个凸窗以及壁画装饰著称。

格雷夫勒学校

Walter M. Förderer 在该学校建筑中延续其混凝土语言，教室围绕采光中庭进行组织，并大量采用了采光天窗及太阳能设备。1990年代进行了翻新。该学校以超过200种稀有动植物品种著称。

⑴ 万圣修道院
Kloster zu Allerheiligen

地址：Klosterstrasse 16,
8200 Schaffhausen
类型：宗教建筑
年代：12世纪
开放时间：周一关门，周二至周日：11：00-17：00
备注：allerheiligen.ch

⑵ Munot 城堡及老城区 ⊙
Munot

地址：Munotstieg 17, 8200
Schaffhausen
类型：其他
年代：16世纪
备注：炮台及城垛等供免费参观
开放时间：5月至9月8:00
-20:00;10月至次年4月
9:00-17:00

⑶ 格雷夫勒学校
Schulhaus Gräfler

建筑师：Walter M. Förderer
地址：Hohbergstrasse 5
8207 Schaffhausen
类型：科教建筑
年代：1974
备注：5月至9月可进行团体参观，需提前预约

弗里堡剧院新馆 / Dürig AG Architekten

乌里州 Uri

17 · 乌里州
建筑数量：10

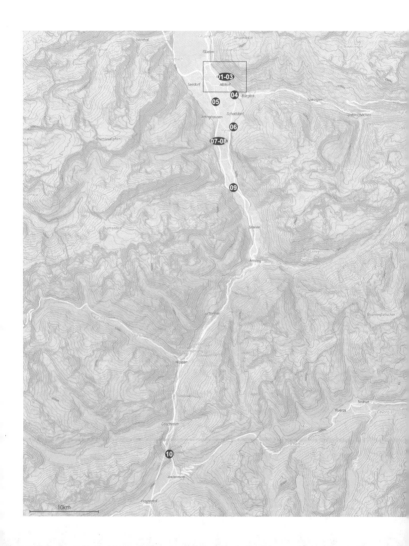

200m

 Altdorf

乌里美术馆
位于古城中心，1845 年
建成的原馆于 2004 年进
行加建，完整保留了原
建筑的同时对空间进行
了重新组织，将古典主
义的正立面朝向城市，玻
璃立面的新展厅建筑于
西南侧围合出庭院，洞
口对外展示着乌里州艺
术家的创作。

旅行者诊所与教堂
这组建筑由两个同构的
矩形体量平行并置，体
量之间为狭长院落，院
落端部建有教堂。建筑
始建于 15 世纪，当初是
为外来人士而建。1551
年进行修缮，1799 年遭
遇大火后重建，保持了
最初的造型。建筑前方
的喷泉建于 1591 年，喷
泉旁的雕塑建于 18 世纪。

圣马丁天主教堂
立丁十字平面布局，主入
口位于西侧，礼拜室位于
东端，钟塔位于十字两
翼的北端。教堂紧邻阿
特尔多夫最古老的圣安
礼拜室 (建于 1596 年) 和
奥尔伯格礼拜室。教堂
内部装饰华丽，包括金
银雕像、十字架、圣龛
烛台等，反映了 16 世
纪至 18 世纪的建筑装饰
艺术。现存教堂是 1799
年大火后重建的。其历
史可以追溯至公元 7 世
纪。

01 乌里美术馆
Museum Haus für Kunst Uri

建筑师：Ch. Keller Design AG
地址：Herrengasse 2
6460 Altdorf
类型：文化建筑
年代：2004
备注：http://www.hausfuerkunsturi.ch/

02 旅行者诊所与教堂
Fremdenspital mit Kapelle

地址：Gemeindehausplatz 2, 6460 Altdorf
类型：宗教建筑
年代：1437

03 圣马丁天主教堂
Katholische Pfarrkirche St. Martin

地址：Kirchplatz, 6460 Altdorf
类型：宗教建筑
年代：18 世纪
备注：http://www.kg-altdorf.ch/

⑭ 达特维勒公司大楼
Dätwyler Holding AG

建筑师：Otto Rudolf
Salvisberg
地址：Gotthardstrasse 31
6460 Altdorf
类型：办公建筑
年代：1940

⑮ 联邦谷物筒仓
Eidgenössisches
Getreidesilo

建筑师：Max Germann &
Bruno Achermann
地址：Eyschachen
6460 Altdorf
类型：其他
年代：1991

达特维勒公司大楼

从20世纪初到40年代，奥托·R·萨尔维斯伯格多次为达特维勒公司设计完成包括厂房、宿舍、办公楼等建筑设施。该建筑关公司总部办公楼，建筑临街，位于道路北侧。总体布局呈折线形，在东南入口处围合形成入口前广场。建筑立面采用了典型的现代主义建筑语汇，水平向划分和开窗反映了建筑结构和功能布局特征。

联邦谷物筒仓

为历史保护建筑，始建于1913年，后进行修复更新。该建筑曾被吉迪恩誉为形式与功能完美结合的典范，在1980年代末进行的修复工作中，端部的塔楼被重建。

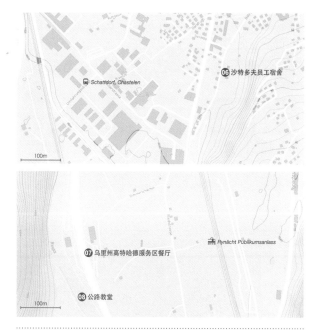

沙特多夫员工宿舍

该建筑是高特哈德
(Gotthard) 高速公路服
务公司的员工宿舍。
高特哈德高速公路贯穿
山地南北，从南部的提
契诺州一直联通中部的
乌里州，将意大利语区
和德语区相连。高速公
路沿途早在 13 世纪已形
成通路，被当地人称为
"圣高特哈德山口 (Saint
Gotthard Pass)"。

乌里州高特哈德服务区
餐厅

该建筑是高特哈德
(Gotthard) 高速公路服
务公司的服务区餐厅。特
色除了金属的表皮外，南
侧斜向翘起的天窗引入
了天光，也起到了标志
作用。

公路教堂

紧邻高速公路，服务于
沿路车辆。通过后侧的
院墙进入轴线上的前
院，礼拜堂内三层绿色
方形玻璃阵列组成的四
个立面向内透入森林般
的光线，根据天气、太
阳角度以及室内灯光不
断变化，朦胧而幽秘。

⑥ 沙特多夫员工宿舍
Personalhaus Schattdorf

建筑师：Max Germann &
Bruno Achermann
地址：Bötzlingerstrasse 50
6467 Schattdorf
类型：居住建筑
年代：1992

⑦ 乌里州高特哈德服务区餐厅
Gotthardraststätte Uri

建筑师：Max Germann &
Bruno Achermann
地址：Spanneggstrasse
6472 Erstfeld
类型：商业建筑
年代：2007

⑧ 公路教堂 ⊘
Schulhaus Gräfler

建筑师：Guignard & Saner
Architekten AG
地址：Gotthard-Raststätte
Süd, 6467 Schattdorf
类型：宗教建筑
年代：1998

09 **Jagdmatt 朝圣教堂**
Wallfahrtskapelle
Jagdmatt

地址：Dammweg
6472 Erstfeld
类型：宗教建筑
年代：1515

10 **魔之桥** ✪
Teufelsbrücke

地址：Teufelsbrücke,
6490 Andermatt
类型：交通建筑
年代：16 世纪、1820 年、1958
年

Jagdmatt 朝圣教堂

这是一座朝圣教堂，于
1978 年至 1979 年进行修
复，现被更多称为"婚
礼教堂"。Jagdmatt 源自
凯尔特的圣地。在欧洲
基督化时期，这里是乌
里州最为重要的朝圣地
点，周边郊区的信众会
带着十字架与旗帜集结
于此。

魔之桥

该桥梁设于 Schöllenen
峡谷，在高速公路修建
之前，是穿越"圣高特哈
德山口（Saint Gotthard
Pass）"的重要通路。所
谓"魔之桥"代指多座
桥梁，最早的桥梁建造
于 1230 年，是一座木构
桥梁，16 世纪改建为石
构桥梁，并在 1888 年遭
到严重破坏。1820 年建
造了第二座桥梁，历时
十年之久。1958 年修建
了第三座桥，魔之桥的
名字源自神话传说。

卜口
苏黎世州 Zürich

18 · 苏黎世州

建筑数量：67

01 奥斯卡·莱因哈特
博物馆加建

02 温特图尔美术馆加建

Winterthur

03 温特图尔公交车站

04 苏尔寿园区

⓪¹ 奥斯卡·莱因哈特博物馆加建 ⊙
Oskar Reinhart Collection
Am Römerholz

建筑师：Gigon Guyer
Architekten
地址：Haldenstrasse 95
8400 Winterthur
类型：文化建筑
年代：1998
备注：http://www.
roemerholz.ch/e/e_sor.
htm

奥斯卡·莱因哈特博物馆加建

文艺复兴风格的原建筑建于 1915 年，由建筑师 Maurice Turrentini 设计，在 1998 年的改造中增加了三个大小不一的新展厅，在外部形成了画廊与住宅间的方块体，采用预制混凝土块，混入石灰岩和铜，使其快速变为绿色，铜制屋顶流下的雨水加快了这一过程，使墙面随时间而变化。

⓪² 温特图尔美术馆加建
Kunstmuseum Winterthur
Extension

建筑师：Gigon Guyer
Architekten
地址：Museumsstrasse 52
8400 Winterthur
类型：文化建筑
年代：1995
备注：http://www.kmw.ch

温特图尔美术馆加建

低成本的加建创造出额外的展陈空间和底层的停车场，一座天桥将新馆与 1915 年 Rittmeyer & Furrer 设计的新古典主义老馆相连。新馆为矩形空间，锯齿状的天窗引入北光，简单的网格将 1000 平方米的面积分为若干展厅，三个大窗使观众向外观望。材料采用穿孔的镀锌板和 U 型玻璃。

⓪³ 温特图尔公交车站
Roof Busstation

建筑师：Stutz Bolt Partner
Architekten
地址：Bahnhofpl. 3, 8400
Winterthur
类型：交通建筑
年代：2013

温特图尔公交车站

蘑菇状的几何体创造出复杂的空间和长达 34 米的不规则悬挑结构，覆盖 1500 平方米的候车空间。钢和玻璃结构的下界面采用了穿孔金属板。建筑从规划到实施仅用时一年。

⓪⁴ 苏尔寿园区
Sulzer Areal

建筑师：vetschpartner
Landschaftsarchitekten
地址：Katharina Sulzer
Platz, Winterthur,
Switzerland
类型：其他
年代：2005

苏尔寿园区

由 5 万平方米的厂房面积改造为现代的文化、居住、商业设施，将老城区、交通与娱乐设施与景观综合起来，创造出了城市中与众不同的空间。零星的设计提案使工厂可以在未来随时间不断改变。

05 瑞士科技博物馆
Technorama

瑞士科技博物馆
Technorama

建筑师：Dürig AG
Architekten
地址：Technoramastrasse
1, 8404 Winterthur
类型：文化建筑
年代：2003
开放时间：周二至周日 10:00-
17:00；周一关门
备注：http://www.
technorama.ch

博物馆以其科技互动装置著
称于世，为满足改造工程同
时对外开放的要求，建筑师
设计了"时空通道"，将各个
展览空间连接起来，并创造
出了公众休息交流的公共空
间，红色的地面增强了空间
感知，墙上的发光装置使内
外部连续起来。可变的动态
外立面增强了其高科技感。

⑥ 苏黎世机场航站楼
Zurich Airport Airside
Centre

建筑师：Grimshaw
地址：Flughafenstrasse
8058 Zurich
类型：交通建筑
年代：2003

⑦ 奥普菲孔学校
Parrocchia Christo Risorto

建筑师：e2a architekten
地址：Giebeleichstrasse
52, 8152 Opfikon
类型：科教建筑
年代：2010

⑩ 罗申塔
Leutschen Tower

建筑师：Bétrix＆Consolascio
地址：Leutschenbachstra-
sse 50
8050 Zurich
类型：居住建筑
年代：2011

⑨ 罗申巴赫学校 ⟲
Leutschenbach School

建筑师：Christian Kerez
地址：Saatlenstrasse 3,
8050 Zürich
类型：科教建筑
年代：2009

罗申塔

位于罗申巴赫中心的地标建筑，包括住宅楼和办公空间，底层为商店、餐厅和咖啡厅。橘黄色的阳台随机分布在立面上，使其表现出活跃而年轻的气质。

罗申巴赫学校

为尽可能减少占地，所有房间层叠向上，用夹层布置公共设施。教室布置于三层钢结构中，体育场以相同的体量和高度布置于顶层。结构上下三层和顶层的高达三层的空间网架由第四层的两个钢桁架连接，满足了各层的功能需要，并清晰地传递出受力关系。

罗申巴赫学校剖面图

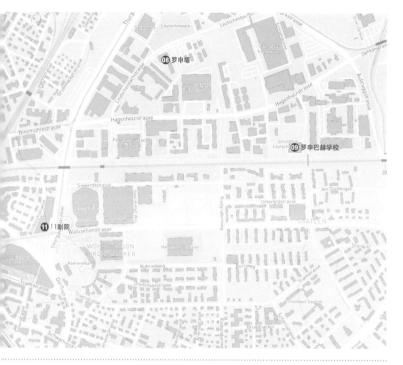

MFO 公园

公园由 100 米长、34 米
宽、18 米高的巨大双层
钢结构组成，网格上攀
爬着茂密的植物，三面
开放，是世界最大的藤
架。后部为四个倒锥形
结构，如同森林，四面
水池反射阳光，双层结
构间的空间设置了可以
进入屋顶空中阳光平台
和步道的楼梯。公园成
为电影、音乐会、体育
活动和游戏的场所。

1 剧院

对原有的 1960 年代剧
院进行改造，加入 700
个新增座位以及一个更
大的入口门厅。为呼应
周边的会展中心和体育
馆，采用了工业建筑的
表达方式，如穿孔金属
板，夜间光透过半透明
的膜结构将建筑变为一
个灯笼。内部活动通过
巨大的景窗传达至室外。

⑩ MFO 公园 ❂
MFO Park

建筑师：Burckhardt
+ Partner,
Raderschallpartner
地址：Ricarda-Huch-
Strasse
8050 Zürich
类型：其他
年代：2002

⑪ 11 剧院
Theatre 11

建筑师：EM2N
地址：Thurgauerstrasse 7
8050 Zurich
类型：观演建筑
年代：2006
备注：正式演出前 1 小时剧院
开放，演出前 30 分钟前厅开
放。http://www.theater11.
ch/theater/

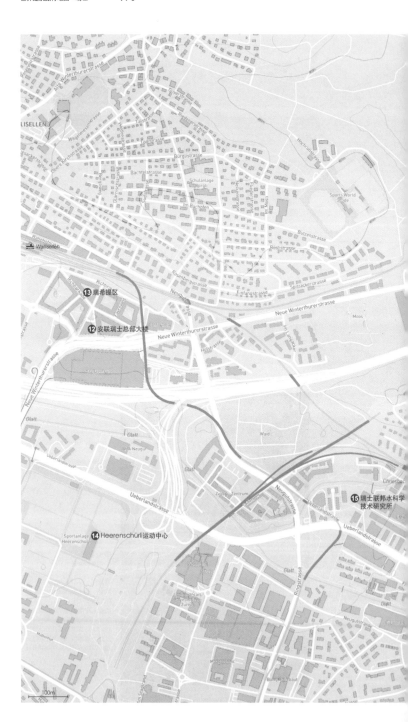

⑫ 安联瑞士总部大楼
Bürohochhaus Allianz

建筑师：Wiel Arets
Architects
地址：Richtipl. 1, 8304
Wallisellen
类型：办公建筑
年代：2012

安联瑞士总部大楼

由一座 6 层的建筑和塔楼组成了办公综合体，大楼立面采用了模仿大理石的双面印花玻璃，以满足规划中对石材的要求，错位的窗间墙等细节更突显出建筑的独特性。

⑬ 瑞希提区 ○
Richti-Areal

城市设计：Vittorio
Magnago Lampugnani
地址：8304 Wallisellen
类型：其他
年代：2014

瑞希提区

基于原工业棕地的街区再造，采用街坊式的空间策略，将居住、商业、酒店、办公等多种功能综合于 6 个街坊单元中，其中四个为住宅，两个为办公楼，底层设为商业的柱廊空间，体量均高 21 米，主要道路连接轻轨和购物中心，与次级道路共同组成了开放空间，单体建筑由不同建筑师设计，保证了街区的多样性，街坊围合出的景观庭院呼应着周边郊区的乡村环境。

⑭ Heerenschürli 运动中心
Sportanlage
Heerenschürli

建筑师：Dürig AG
Architekten
地址：Helen-Keller-Strasse
20, 8051 Zurich
类型：体育建筑
年代：2010

Heerenschürli 运动中心

10.2 公顷的占地面积使这座体育设施成为苏黎世最大的三座体育场之一，包括 12 个足球场、球场、更衣室设计为绿色金属的坡屋顶线形体量，满足不同的使用需求，并强调出了富有活力的运动主题。

⑮ 瑞士联邦水科学技术研究所
Eawag Forum Chriesbach

建筑师：BGP
地址：Überlandstrasse 133
8600 Dübendorf
类型：科教建筑
年代：2006
备注：http://www.forumch-
riesbach.eawag.ch/

瑞士联邦水科学技术研究所

建筑通过纵贯上下的中庭进行采光通风和交通组织，立面玻璃百叶可根据太阳角度自动调节遮阳角度。废热的再利用和自然通风系统使其避免采用传统的空调系统，使其能耗仅为规范要求的四分之一。

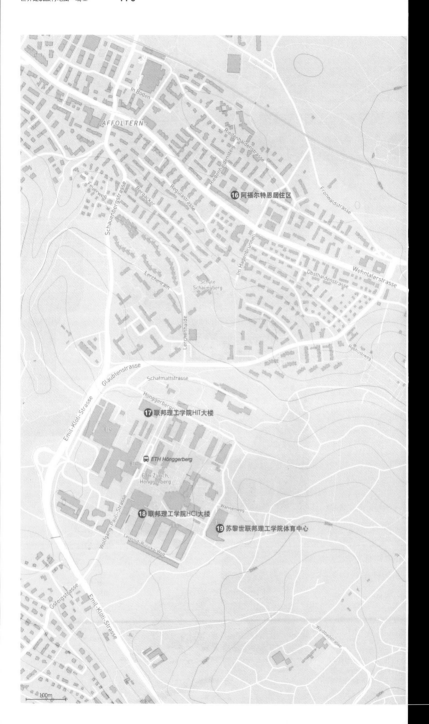

16 阿福尔特恩居住区

17 联邦理工学院HIT大楼

🚌 ETH Hönggerberg

18 联邦理工学院HCI大楼

19 苏黎世联邦理工学院体育中心

100m

⑯ 阿福尔特恩居住区
Affoltern Housing
Development

建筑师：EM2N
地址：Wehntalerstrasse
464,8046 Zürich
类型：居住建筑
年代：2012

阿福尔特恩居住区

采用不同的高度来呼应
周边建筑，以连续立面
将街道与内部社区空间
分隔开来，避免城市噪
音的影响，挑出的阳台
各层各不相同，形成多
变的造型，色彩的运用
和彩色的铺地塑造出了
场所的特质。

苏黎世联邦理工学院 HIT
大楼

⑰ 苏黎世联邦理工学院 HIT
大楼
ETH HIT

建筑师：Baumschlager-
Eberle
地址：Wolfgang-Pauli-
Strasse 27, 8093 Zürich
类型：科教建筑
年代：2008

建筑师设计了一个简单
的矩形体量，满足了多
个层次的设计要求，首
先定义了校园的山坡区
域，满足了电子设备的
要求和教学研究空间，六
个会议室定义了核心中
庭空间，外立面 1.2 米
间距的通高石材百叶暗
示着内部空间单元，也
限定了外廊。

苏黎世联邦理工学院 HCI
大楼

⑱ 苏黎世联邦理工学院 HCI
大楼
ETH HCI

建筑师：Mario Campi
地址：Vladimir-Prelog-
Weg 4, 8093 Zürich
类型：科教建筑
年代：2001

由五个长条形大楼和一
个综合楼连接成的校园
综合体，清晰而理性地
将各研究教学空间通高
底层的开放空间和四个
庭院组织起来，综合楼
包括报告厅和底层的食
堂，为整个园区服务。

苏黎世联邦理工学院体
育中心

⑲ 苏黎世联邦理工学院体育
中心
Sport Center
ETH Honggerberg

建筑师：Dietrich |
Untertrifaller
地址：Schafmattstrasse 33,
8093 Zürich
类型：体育建筑
年代：2009

三层建筑融合东部的山
体景观中，嵌入山坡，仅
有西立面可见，室内将
三个下沉式体育场联系
起来，L 形的公共空间包
括更衣室、办公室和锻
炼室等。

Jakobsgut公寓 ⑳

㉑ 苏黎世数据中心

200m

♒ Zürich Altstetten

⑳ Jakobsgut 公寓
Siedlung Jakobsgut

建筑师 : Otto Glaus, Reudi
Lienhard
地址 : Limmattalstrasse 266,
8049 Zürich
类型 : 居住建筑
年代 : 1967

㉑ 苏黎世数据中心
Rechenzentrum Zürich

建筑师 : Theo Hotz
地址 : Zürcherstrasse 161,
8952 Zurich
类型 : 其他
年代 : 1985

Jakobsgut 公寓

Otto Glaus 的混凝土代
表作，完整表达了他反
建构、俏皮的方块式语
汇，由三个住宅建筑组
成，灵活多变的混凝土构
件和大小不一的开窗、消
解了体量感，塑造了多
样性的空间，从而削减
了单一体块的单调感。

苏黎世数据中心

这座长 300 米、宽 170
米的包裹中心每天 24 小
时可处理 380000 个包
裹，表现了英国高技派的
影响，而将焦点置于外部
形体对外隔绝的表皮。

25 Löwenbräu区

24 PULS 5

23 Toni-Areal

22 铁路服务设施加建

26 Plattform办公楼

27 第一塔

28 Cubus办公楼

29 Freitag旗舰店

30 高架桥拱圈步行街

31 火车信号站

32 列特旗哥伦球场

33 圣菲利克斯和古拉教堂

34 苏黎世社会保险中心

35 RIFFRAFF 3+4生宅楼及电影院

36 阿彭希尔社区中心

土 Zürich Hardbrücke

㉒ 铁路服务设施加建
Extension Herdern
Railway
Service Facility

建筑师：EM2N
地址：Aargauerstrasse 1,
8048 Zürich
类型：交通建筑
年代：2013

㉓ Toni-Areal ✪
Toni-Areal

建筑师：EM2N
地址：Pfingstweidstrasse
94, 8005 Zürich
类型：文化建筑
年代：2014

㉔ PULS 5
PULS 5

建筑师：Kyncl Gasche
Partner Architekten
地址：Giessereistrasse 18,
8005 Zurich
类型：商业建筑
年代：2007

㉕ Löwenbräu 区 ✪
Löwenbräu-Areal

建筑师：Gigon Guyer
Architekten
地址：Limmatstrasse 264-
270,8005 Zürich
类型：其他
年代：2014

㉖ Platform 办公楼
Platform Office Building

建筑师：Gigon Guyer
Architekten
地址：Maagplatz 1,
8005 Zurich
类型：办公建筑
年代：2012

铁路服务设施加建

超长的火车维修空间，可
满足 400 米火车的整体维
修保养。在最低的成本
下，既满足维修功能，又
将其设计为乘客进入火
车站的标志物，建筑师
采用了两种立体的纤维
水泥模块作为外墙面，形
成动态而丰富的图案。

Toni-Areal

将一座牛奶工厂改造为
教育、文化、生活的城
市综合体，整个体量接
近一个街区大小，建筑
师因此将内部设计为城
市空间，为每个房间标
上地址，保留了车行坡
道，以不同的尺度策略
设计从公共到私密的层
级空间。

PULS 5

长 170 米，宽 60 米的老
厂房被改造为超过一百
套公寓和三层的办公、餐
饮、商店设施，保留的
中央大跨度的工业结构
大厅作为电视节目和展
览的场所。

Löwenbräu 区

自 1990 年代中期开始汇
集了当代艺术机构及画
廊，改造中加建了美术
馆、办公楼和一个 22 层
住宅楼，保留原有工业
区的建筑肌理，三个迥
异的新体量以不同策略
介入场地，为呼应老建
筑的砖立面，分别采用
了白色混凝土、黑色和
红色的凹面陶片，大面
积的窗扇采用了电子开
启装置。

Platform 办公楼

七层的办公楼紧邻铁
路，借由体量的削减和
弯折产生变化的表情，底
层设置餐厅、商店和报
告厅，内部的中庭作为
中央入口大厅，上层的
办公楼为 1000 个员工的
办公空间。

㉗ 第一塔 ⊘
Prime Tower

建筑师：Gigon Guyer
Architekten
地址：Hardstrasse 201,
8005 Zürich
类型：办公建筑
年代：2011

第一塔

苏黎世第一高楼，通过不规则形体的变化和微妙的悬挑使其面向不同的城市方向呈现不同的形态，绿色通高的玻璃幕墙清晰而理性地表达形体，其高度在群山怀抱的市区与城市肌理融为一体。

㉘ Cubus 办公楼
Cubus Office Building

建筑师：Gigon Guyer
Architekten
地址：Hardstrasse 223
8005 Zurich
类型：办公建筑
年代：2011

Cubus 办公楼

与第一塔和 Platform 办公楼组成了三角地的办公综合体，五边形的平面包括底层的商业空间、停车场入口及上层的办公室，采用白色素混凝土作为支撑结构，从外部安装的窗框突显了立面的个性，并减少交通噪声的影响。

㉙ Freitag 旗舰店 ⊘
Freitag Flagstore

建筑师：spillmann.echsle
architekten
地址：Geroldstrasse 17,
8008 Zürich
类型：商业建筑
年代：2006

Freitag 旗舰店

商店共由 17 个从汉堡回收利用的集装箱累叠而成，仅以运输业常见的连接件安装固定，使其可以进行直接的拆解，高塔中的楼梯可直达屋顶观景平台，一览苏黎世全景。

㉚ 高架桥拱廊步行街 ⊘
Im Viadukt

建筑师：EM2N
地址：Viaduktstrasse, 8005
Zürich
类型：商业建筑
年代：2010

高架桥拱廊步行街

作为苏黎世西部工业区更新计划的一部分，将作为基础设施的高架桥改造为线性公园，利用底部的石质券引入灵活的商业功能空间，以节制的结构强调原有结构，通往上层的休闲步道将街区连接起来，从而激活城市开放空间。

㉛ 火车信号站
Stellwerk Vorbahnhof

建筑师：Gigon Guyer
Architekten
地址：Hohlstrasse 358, 8004
Zürich
类型：交通建筑
年代：1999

火车信号站

较低的两层用于容纳技术设备，顶层用于办公和居住空间，由于保温围护要求采用了双层混凝土结构，并以氧化铁染料进行染色，使其融入工业区的环境，高反射的金红色玻璃窗强调其识别性。

㉜ 列特旗哥伦球场
Stadion Letzigrund

建筑师：Bétrix & Consolascio,
Frei & Ehrensperger
地址：Badenerstrasse 500,
8048 Zurich
类型：体育建筑
年代：2007

㉝ 圣菲利克斯古拉教堂
Röm.-kath. Pfarramt
St. Felix und Regula

建筑师：Fritz Metzger
地址：Hardstrasse 76, 8004
Zürich
类型：宗教建筑
年代：1950

㉞ 苏黎世社会保险中心
SVA Zurich

建筑师：Isa Stürm and Urs
Wolf
地址：Röntgenstrasse 17,
8005 Zurich
类型：办公建筑
年代：1990

㉟ RIFFRAFF 3+4 住宅楼及
电影院
Kino- Und Wohnhaus
Riffraff 3+4 Zürich

建筑师：Meili & Peter
Architekten
地址：Neugasse 57-63,
8005 Zurich
类型：居住建筑
年代：2002

㊱ 阿瑟希尔社区中心
Aussersihl Community
Centre

建筑师：EM2N
地址：Hohlstrasse 67,
8004 Zürich
类型：文化建筑
年代：2000

列特旗哥伦球场

苏黎世足球俱乐部的主场，为减少高度对周边环境影响，将巨大的运动场体量下沉，挖出的砾石被用于混凝土结构中，而最具标志性的要素是其一圈红色屋顶，由31组立柱支撑，使其呈现漂浮的姿态，屋顶底部被覆以木板，锈板也被用于护栏，最多可容纳50000名观众。

圣菲利克斯古拉教堂

教堂位于老工人居住区，为融入周边环境采用了节制的体量和立面，内部空间形成的椭圆形平面和混凝土支撑起的帐篷结构指涉着圣经传说"神的居所"，另一个亮点是由Ferdinand Gehr设计的玻璃花窗。

苏黎世社会保险中心

锐利而动感的造型使其成为交通路口的标志建筑，带形窗使采光最大化，通过色彩配置和墙面画作区分各个楼层，营造出活泼而舒适的办公空间。

RIFFRAFF 3+4 住宅楼及电影院

在紧张的用地中，将两个电影放映厅置于地面及以下，以上为公寓住宅，将各个住宅空间围绕开放空间进行组织，用落地大窗将街道景观引入室内。

阿瑟希尔社区中心

基地为城市西侧的历史纪念公园，建筑师富有新意地设计了一个四层高的塔楼，呈肾形平面，怀抱于树木之中，建造采用砖墙和混凝土楼板，立面为墨绿色的木材，使其融合于环境之中，与此相对的是室内明快的颜色，首层的咖啡厅面向社区开放。

37 Kalkreite社区

38 Jelmoli停车场

39 Tamedia 电台总部

40 Sihlhölzli音乐亭

41 苏黎世柏悦酒店

42 恩格州立学校

Enge

43 雷特博尔格博物馆

44 Sihlcity购物中心及图书馆

200m

❸ Kalkreite 社区 ☑
Kalkreite

建筑师：Müller Sigrist
地址：Kalkbreitestrasse 2,
8003 Zürich
类型：居住建筑
年代：2014

❸ Jelmoli 停车场
Erweiterung Parkhaus
Jelmoli

建筑师：Henauer Gugler
地址：Steinmühleplatz 1
8001 Zürich
类型：交通建筑
年代：1970

❸ Tamedia 电台总部 ☑
Tamedia AG

建筑师：坂茂
地址：Werdstrasse 21, 8004
Zürich
类型：办公建筑
年代：2013

❹ Sihlhölzli 音乐亭 ☑
Musikpavillon Sihlhölzli

建筑师：Hermann Herter,
Robert Maillart
地址：Manessestrasse 1,
8003 Zürich
类型：文化建筑
年代：1931

Kalkreite 社区

苏黎世住房合作社的
代表之一，目前瑞士
20% 的住房由非盈利的
住房合作社（Housing
Cooperative）提供，距
今已有近 100 年历史，这
座新建的社区以其开放
的中央庭院、活泼的社
区设施空间和多样的居
民组成而著称，可容纳
250 位居民，开放的屋顶
花园面向铁路，而面向
城市的界面则有丰富的
商业设施，并包含轨道
列车的车库。

Jelmoli 停车场

位于城市中心区，服务
于购物中心，为双螺旋
的地下停车场，可容纳
230 辆汽车，地面建筑采
用棕色立面和混凝土板
在绿化的掩映中低调而
不失轻盈。

Tamedia 电台总部

坂茂与瑞士结构师
Hermann Blumer 合作
设计，纯木结构的 7 层
办公楼，是世界上最大
的木结构建筑，采用瑞
士木构技术，不依赖金
属部件，完全用木栓固
定大梁和木柱，展现连
接节点的特殊造型，在
基础厚度上增加 4 厘米
以防止火灾破坏内层，营
造舒适、环保的办公空
间。

Sihlhölzli 音乐亭

半开放的乐池内凹面向
绿地，采用了混凝土的
壳体结构以支撑起向外
挑出的穹顶，铜屋顶和
椭圆的平面影射其历史
传统，被归类为保护建
筑。

③ 苏黎世柏悦酒店
Park Hyatt

建筑师：Meili & Peter
Architekten
地址：Beethovenstrasse
21, 8002 Zürich
类型：商业建筑
年代：2004

苏黎世柏悦酒店

为呼应周边的庭院式街
坊，就采用了塔楼加基座
的形式强调密度，三个方
向的切口展示着每个体块
的各个面，平面中心为多
层大厅，而桥型混凝土大
梁的支撑结构保证了底层
的多个大跨度空间，凸窗
的使用使客房与办公空间
区分开来，柔性的遮阳帘
营造出了动感的效果。

恩格州立学校

20世纪下半叶瑞士建筑
的代表作，在山林掩映
中，将两个围合体量布置
于平台之上，结合内部庭
院，以此解决了功能分区
和流线组织，建筑一部分
采用混凝土，一部分采用
天然石板贴面，延续了现
代主义的经典语汇加屋顶
花园、底层架空等。

④ 恩格州立学校 ✓
**Kantonsschule in Zurich-
Enge**

建筑师：Jacques Schader
地址：Steinentischstrasse
10, 8002 Zürich
类型：科教建筑
年代：1960

雷特博尔格博物馆

瑞士唯一一个展示非欧洲
艺术的博物馆，展品涵盖
亚洲、非洲、美洲的艺术
品，为了减少对花园的影
响，将展厅置于地下，地
面入口以"翡翠的檐篷"
为概念，采用绿色丝网印
刷玻璃作为立面，融入树
林的环境中，围合出入口
广场，衬托位于中心地位
的历史建筑。

⑤ 雷特博尔格博物馆 ✓
Museum Rietberg Zurich

建筑师：Adolf Krischanitz
地址：Gablerstrasse 15,
8002 Zurich
类型：文化建筑
年代：2007

Sihlcity 购物中心及图书馆

这座购物中心位于锡尔河
岸原造纸场址之上，是瑞
士第一个娱乐购物综合
体，包括十万平方米的出
租商业面积和多种多样的
功能如餐饮、购物、电影
院、娱乐、健身、夜店、酒
店，甚至包括一个教堂，紧
邻的楔形建筑为苏黎世公
共图书馆（PBZ）。

④ Sihlcity 购物中心及图书馆
Sihlcity

建筑师：Theo Hotz
地址：Büttenweg 16,
8045 Zurich
类型：商业建筑
年代：2003

45 Dynamo工作坊

52 Försterstrasse公寓

46 瑞士国家博物馆加建

47 苏黎世火车站加建

48 联邦理工学院主楼

49 姐妹公寓

50 苏黎世大学法律系图书馆

Doldertal公寓 53

三角住宅 54

51 斯塔德尔霍芬火车站扩建

55 铁屋

56 海蒂·韦伯博物馆 / 勒·柯布西耶 / Le Corbusier中心

100m

㊺ Dynamo 工作坊
Dynamo Metal Workshop

建筑师 : Phalt
地址 : Wasserwerkstrasse 21
8006 Zurich
类型 : 文化建筑
年代 : 2008

Dynamo 工作坊

Dynamo 是苏黎世的文化机构，为年轻人提供各种门类的课程及工作坊，如音乐、舞蹈、摄影灯，这座金属工作室背对街道，面朝立马特河岸，矩形的平面包含小咖啡厅和安全室，悬挑结构为工作空间提供庇护，采用了穿孔镀锌钢板，成为人们聚集的场所。

㊻ 瑞士国家博物馆加建 ✓
Swiss National Museum

建筑师 : Christ & Gantenbein
地址 : Museumstrasse 2, 8001 Zürich
类型 : 文化建筑
年代 : 2016

瑞士国家博物馆加建

基于建筑师 Gustav Gull 于 1898 年设计的国家博物馆的改造工程，深入北侧的公园，新旧馆彼此相连，形成一个整体，彼此相互对比，新馆的布局考虑到树木和路径，并以不规则的混凝土体量呼应老馆丰富的屋顶景观，路径上连接了老馆 U 形的开放式平面，内部加入新的展览、图书、报告空间，中央的抬起部分反映在内部的大台阶上，80 厘米厚的外墙满足规范热工要求。

㊼ 苏黎世火车站加建 ✓
Perrondächer
Hauptbahnhof
Zürich

建筑师 : Meili & Peter Architekten
地址 : Zürich Hauptbahnhof, Museumstrasse 1, 8021 Zürich
类型 : 交通建筑
年代 : 1999

苏黎世火车站加建

加建工程需满足覆盖新建的四条铁轨之间的封闭功能，建筑师在原候车顶棚基础上向外加建两个巨大的斜向屋顶，将人行道和站台结合起来，渗透入城市空间，重新定义了火车站的空间特质。

㊽ 苏黎世联邦理工学院主楼 ✓
ETH Zürich

建筑师 : Gottfried Semper (1865), Gustav Gull (1924), Charles-Edouard Geisendorf (1978)
地址 : Rämistrasse 101, 8092 Zürich
类型 : 科教建筑
年代 : 1865

苏黎世联邦理工学院主楼

ETH 主楼历经若干次的改建，融合了不同历史阶段的痕迹，比如森佩尔的立面，第二阶段的穹顶主入口，以及依山而建的现代阶梯式活动中心及中庭，各次加建均尊重保留了历史文脉，主立面面向的屋顶平台成为俯瞰苏黎世全景的最佳地点。

㊾ 姐妹公寓
Schwesternwohnheim
Zurich

建筑师：Jakob Zweifel
地址：Plattenstrasse 10
8032 Zürich
类型：居住建筑
年代：1959

㊿ 苏黎世大学法律系图书馆 ✪
Rechtswissenschaftliche
Bibliothek

建筑师：圣地亚哥·卡拉特拉瓦
地址：Rämistrasse 74, 8001
Zürich
类型：科教建筑
年代：2004

⑤ 斯塔德尔霍芬火车站扩建
Zürich Stadelhofen
Station

建筑师：圣地亚哥·卡拉特拉瓦
地址：Stadelhoferstrasse
6A, Zürich
类型：交通建筑
年代：1990

㉜ Forsterstrasse 公寓
Forsterstrasse
Apartments

建筑师：Christian Kerez
地址：Forsterstrasse 38
8044 Zürich
类型：居住建筑
年代：2003

姐妹公寓

瑞士战后现代主义的代表人物 Jakob Zweifel 的最重要作品，建筑高达58 米，平面平分为两个客房部分，夹心为公共与交通区域，立面呈现为混凝土的竖向线条，目前作为苏黎世大学的医院附属建筑使用。

苏黎世大学法律系图书馆

加建工程利用了 1908 年原建筑闲置的庭院，将其改造为 30 米高的中庭空间，两端置入电梯作为竖向交通，36 米长的椭圆形天窗引入自然光，非对称的中庭对应着太阳的方向，四周设计为自习区域，与旧建筑隔开形成天井，以展示原建筑的内立面。温暖的木材搭配有力的钢结构，展现着几何的形式感。

斯塔德尔霍芬火车站改扩建

新艺术运动的风格，将黑色的金属构件与混凝土结构设计为充满雕塑感与力量感的形态，巧妙地利用地下购物长廊、城道、台阶、连桥等元素在功能和视觉上联系地下、地面以及上层三个层次的步行交通空间，以此解决了复杂的动线问题，并向西侧的城市广场开放。

Forsterstrasse 公寓

受密斯的砖宅影响，看似随意构成的混凝土剪力墙限定了这个开放的结构，地下层为无柱的停车空间，地面层为入口和服务空间，上三层为公寓，流动的平面和无遮挡的玻璃窗使房间的光线和景观不断变化，并以匀质的材料和建造取消了空间层级，在看似自由的平面背后是严格复杂、彼此制约的结构受力计算。

oldertal 公寓

930 年代理性主义建筑 的代表作，鲜明地传达 了先锋的现代建筑理念 和柯布西耶的影响，包 括底层架空、自由平面 等，建于山坡上，为两 个L型的三层住宅，各 层为一套大公寓。面向 溪溪的起居室和卧室连 接南侧的厨房、楼梯及 阳台。

三角住宅

瑞士战后建筑师 Justus Dahinden的代表作品，一 组三角形体量自由搭接 而成住宅区，沿山坡依 次上升，之间通过平台 连接，大小不一的单元 组合形成多样的户型平 面，满足不同需求，三 个角度布置为功能空间 如卫生间、楼梯、厨房。

铁屋

如同金字塔与太空站的 结合体，锈板和茶色玻 璃立面更增添了 1970 年 代的未来主义气息，体 型的收分来自对建筑法 规的应答，也传递着建 筑师反对“形式追随功 能”，强调空间激发感官 体验的理念。目前作为 诊所使用。

海蒂 · 韦伯博物馆（勒 · 柯 布西耶中心）

这是柯布西耶设计的最 后一个项目，体现了他 后期材料使用的剧烈变 化，采用预制钢结构、玻 璃、各种颜色的搪瓷 板，建筑上方设计了一 个自由漂浮的屋顶，由 两个 12 米 ×12 米的正 方形组成，重达 40 吨，保 护建筑免受雨水和阳光 侵害。建筑以 2.26 米为 模数将各种部件进行现 场组装，使用了超过两 万颗螺栓。

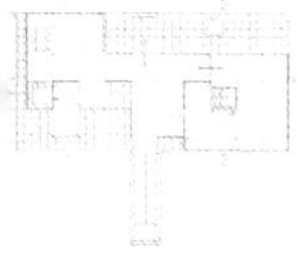

海蒂 · 韦伯博物馆平面图

(53) Doldertal 公寓
Doldertalhauser

建筑师：Alfred Roth, Emil Roth, Marcel Breuer
地址：Doldertal 17, 8032 Zürich
类型：居住建筑
年代：1936

(54) 三角住宅
Trigondorf

建筑师：Justus Dahinden
地址：Heuelstrasse 21, 8032 Zürich
类型：居住建筑
年代：1969

(55) 铁屋
Ferrohaus

建筑师：Justus Dahinden
地址：Bellerivestrasse 34, 8034 Zürich
类型：居住建筑
年代 :1970

(56) 海蒂 · 韦伯博物馆（勒 · 柯布西耶中心）
Heidi Weber Museum (Center Le Corbusier)

建筑师 :勒 · 柯布西耶
地址：Höschgasse 8, 8008 Zurich
类型：文化建筑
年代：1967
备注：世界文化遗产，6 月至 9 月开放，周六周日下午 14:00-17:00，开始时间会调整，详情可查官网 http://www.centerlecorbusier.com/

⑤⑦ 苏黎世动物园大象馆 ✔
Elephant House Zoo
Zürich

建筑师：Markus Schietsch
Architekten
地址：Zürichbergstrasse
221, 8044 Zürich
类型：文化建筑
年代：2014

⑤⑧ 国际足联总部
FIFA Headquarters

建筑师：Tilla Theus
地址：FIFA Strasse 20,
8044 Zürich
类型：办公建筑
年代：2007

苏黎世动物园大象馆

大象馆位于新建的大象园中，不规则的巨大屋顶采用了木壳体结构，预制的三层板在现场进行弯折和组装，洞口也在现场进行切割，如编织成的一张大网的有机形态与森林环境对话，透过大小不一的天窗，光线如同从森林树冠中渗过，立面上宽窄渐变的薄片指示着受力结构。

国际足联总部

FIFA 官方总部，坐落于苏黎世山，建筑包括健身中心、冥想室、主题公园以及一个全尺寸的足球场，主建筑仅有两层楼，地下为五层。曲面的立面表皮在夜间成为一个漂浮的发光体。

Cocoon 办公楼

这座办公楼位于树丛之
中，并由此决定了其曲
面的形态，形成开放的
螺旋空间结构及流线，取
消层级，定义了办公空间
的新概念，所有办公室
排列在中心坡道周围，围
绕着采光中庭。

一墙宅

项目位于一个小而窄的
基地上，在一个建筑中
需包括两个住宅，与传
统的叠拼或双拼不同，体
量在竖直水平向都进行
了分割，因此每个住宅
都可平等地享受景观朝
向，一面钢筋混凝土墙体
在三层平面走向各不相
同，使其保持稳定的同
时创造出不同的空间。楼
板从墙体悬挑出来，使
各面视野没有遮挡。

一墙宅平面图

⑤⑨ Cocoon 办公楼
Cocoon

建筑师：Camenzind
Evolution
地址：Seefeldstrasse 287,
8008 Zurich
类型：办公建筑
年代：2007

⑥⓪ 一墙宅 ⊘
Single Wall House

建筑师：Christian Kerez
地址：Burenweg 46-48,
8053 Zurich
类型：居住建筑
年代：2007

(61) 埃夫雷蒂孔归正教堂
Evang.-ref. Kirchgemeinde Illnau-Effretikon

建筑师：Ernst Gisel
地址：Rebbuckstrasse 1, 8307 Illnau-Effretikon
类型：宗教建筑
年代：1961

(62) Hürzeler 住宅
Haus Hürzeler

建筑师：Peter Märkli
地址：Rankstrasse, Erlenbach
类型：居住建筑
年代：1997

(63) 艾伦巴赫公墓服务中心
Erlenbach Cemetery Building

建筑师：AFGH
地址：Seestrasse 88
8703 Erlenbach
类型：宗教建筑
年代：2010

埃夫雷蒂孔归正教堂

Ernst Gisel代表作。混凝土的使用和多变的建筑形体指涉着粗野主义建筑传统，混凝土的钟塔模仿手的形状，帐篷形的教堂具有鲜明的标志性，四个部分错动出斜向的天窗。

Hürzeler 住宅

长方体的体量坐落于坡地之上，地下为停车空间，入口位于停车口旁，面向街道的界面是封闭的混凝土墙，而面向花园则设计为半开放半封闭的空间，通长的室外阳台围绕玻璃窗的室内，方形的红色混凝土板动态调节着开放与私密的比例。

艾伦巴赫公墓服务中心

建筑包含仪式服务房间、两个守夜室、一个等待室和开放门廊。透光的墙体营造出宁静的光影效果。材质上表现为彩色玻璃和素色混凝土的对比。

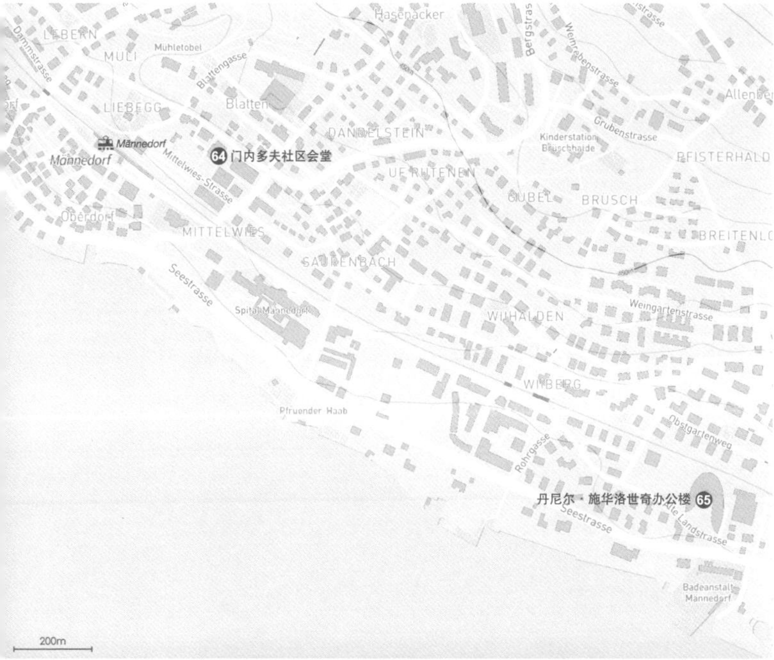

(64) 门内多夫社区会堂
Männedorf Gemeindesaal

建筑师：SAM Architekten und Partner AG
地址：Mittelwiesstrasse 39, 8708 Männedorf
类型：文化建筑
年代：2011

(65) 丹尼尔·施华洛世奇办公楼
Daniel Swarovski Corporation

建筑师：Ingenhoven Architekten
地址：Alte Landstrasse 413, 8780 Männedorf
类型：办公建筑
年代：2011

门内多夫社区会堂

新的会堂作为镇中心更新的一部分，包含一个新的社区中心、新教教堂、商店与办公室。三个建筑组成一个整体，分享室外的公共平台。

丹尼尔 · 施华洛世奇办公楼

通透的 U 形办公楼容纳 500 人办公，庭院面朝苏黎世湖面，底层设为门厅、餐厅、会议室和工作坊，上层包括开放而灵活的办公空间，利用湖水进行保温和制冷。

⑥⑥ Obstgarten 学校报告厅及图书馆
Neubau Auditorium und
Bibliothek für die
Schule Obstgarten

建筑师：e2a architekten
地址：Tränkebachstrasse
35, 8712 Stäfa
类型：科教建筑
年代：2010

⑥⑦ 格鲁尼根植物园温室
Schauhaus Botanischer
Garten Grüningen

建筑师：idA
地址：Im Eichholz 1
8627 Grüningen
类型：文化建筑
年代：2012
备注：http://www.
botanischer-garten.ch/

Obstgarten 学校报告厅及
图书馆

包含报告厅、图书馆、校
外活动中心三个功能，为
呼应周边 1970 年代的建
筑群，改造中试图将当
代的形式与 1970 年代的
技术相结合，如混凝土
凸印的立面。

格鲁尼根植物园温室

形式和结构概念受周边
森林环境的启发，采用了
Voronoi 细分，使其类似
于细胞分裂，四根钢结
构 5 米高的的树组成了
亭子的主要结构系统，树
枝上的膜结构形成了屋
顶，退后的玻璃结构封
闭了内部温室。

施维茨州 Schwyz

19 · 施维茨州

建筑数量：02

01 艾因西德伦隐修院
02 布汀根罗马天主教区教堂 / Joachim Naef, Ernst & Gottlieb Studer

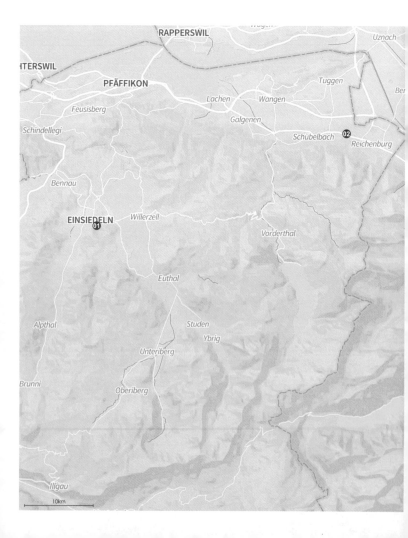

艾因西德伦修道院

本笃会的巴洛克式修道院，距今有上千年历史，瑞士最重要的圣母玛利亚朝圣地之一，由一系列院落组成，壮观的正立面钟塔面朝小镇的中心广场。教堂内部有著名的黑圣母雕像、规模最大的耶稣降生画以及长达 100 米的耶稣受难全景图。可以参观马厩、图书馆以及修道院生活。广场上定期上演唐·佩德罗·卡尔德龙（Don Pedro Calderón）的戏剧作品。

布汀根罗马天主教区教堂

该组建筑位于布汀根镇中南侧，是居民公共生活的中心，教堂采用集中式平面，其清水混凝土墙面强化了建筑的雕塑感和纪念性。教堂设有三个出入口，通过两片墙体限定。祭坛位于中心处、座位环绕布置。除了进行礼拜，这里还是教区举行各类表演、聚会等活动的场所。

⑪ 艾因西德伦修道院
Kloster Einsiedeln

地址：Kloster Einsiedeln,
8840 Einsiedeln
类型：宗教建筑
年代：18 世纪
开放时间：复活节至万圣节
06:00-21:00，万圣节至复活
节 06:00-20:30
备注：http://www.kloster-
einsiedeln.ch/

⑫ 布汀根罗马天主教区教堂
Katholische Kirche
Buttikon

建筑师：Joachim Naef,
Ernst & Gottlieb Studer
地址：Kirchweg 1,
8863 Schübelbach
类型：宗教建筑
年代：1961-1970

圣约翰教堂 / 马里奥·博塔

提契诺州 Ticino

20·提契诺州

建筑数量：58

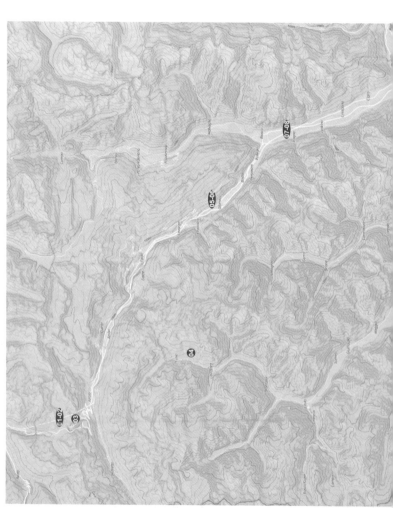

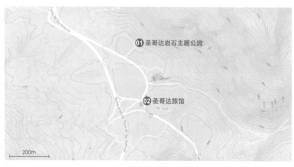

----

⑪ 圣哥达岩石主题公园
Sasso San Gottardo

建筑师：Holzer Kobler
Architekturen
地址：Passo del S.Gottardo,
6781 Airolo
类型：文化建筑
年代：2012

这座地下工事原是瑞士军队 20 世纪最秘密的地点之一，改造之后成为长达数公里的主题博物馆，连接古代堡垒 "Sasso da Pigna"。深山之下的通道围绕水、气候、能源、安全、交通五大主题进行展示。

⑫ 圣哥达旅馆
Hospice du Saint-Gothard

建筑师：Miller & Maranta
地址：Tremola,6780 Airolo
类型：商业建筑
年代：2009

圣哥达旅馆

始建于 1237 年，位于海拔 2000 米以上的圣哥达山口，是历史上众多游客、商人、朝圣者的庇护所，经过多次战争、火灾摧毁及重建，并呈现着各个历史阶段的痕迹，耸立在古老而苍凉的景观之中。目前有 19 个客房。

⑬ Motto di Dentro 通风井
Pozzo di ventilazione del
Motto di Dentro

建筑师：Rino Tami
地址：Foss, San Gottardo,
Ticino
类型：交通建筑
年代：1983
坐标：46° 32'25.66"N,
8° 34'46.46"E

Motto di Dentro 通风井

巨大的三角形钢筋混凝土屋顶沿着山势耸立于公路旁，作为圣哥达隧道的通风井的地面建筑工作用房嵌入山体之中，并形成柱廊空间，人工几何体与粗粝的高山景观产生着张力。

04 圣约翰教堂

04 圣约翰教堂 ◐
Chiesa di San
Giovanni
Battista

建筑师：马里奥·博塔
地址：S. Giovanni
Battista,6696 Mogno
类型：宗教建筑
年代：1996

博塔的第一座教堂建筑，建于被雪崩摧毁的教堂原址之上，椭圆形的体量筒体由当地的灰色 Riveo 花岗岩与白色 Peccia 大理石包裹着厚重的墙体，礼拜堂中方形平面逐渐升起为椭圆形的巨大天窗，融合拱券、飞扶壁、下沉庭院等各种象征符号，在清晰的几何秩序下完成历史要素的"陌生化"，形成光影强烈、黑白相间似无限重复的神秘空间。

圣约翰教堂平面图

05 La Congiunta 艺术博物馆
⚡
La Congiunta

建筑师：Peter Märkli,
Stefan Bellwalder
地址：Zona Carnögn 12,
6745 Giornico
类型：文化建筑
年代：1992
开放时间：周一至周六 8:00
开放；周日：9:30 开放
http://www.lacongiunta.ch
备注：周三闭馆；博物馆在城
北山地中，须到餐厅 (Osteria
Giornico) 取钥匙，联系电
话：+(41)-91-8642215

06 圣尼古拉教堂
Chiesa di S. Nicola

地址：Rivascia,
6745 Giornico
类型：宗教建筑
年代：12 世纪

La Congiunta 艺术博物馆

建筑位于焦尔尼科北侧
的山地中，四周被山林
草坪所环绕。该博物馆用
于展示 Hans Josephson
的雕塑作品。建筑通体
混凝土浇筑，混凝土和
钢是建筑的主要语汇。隐
蔽的入口位于建筑北侧
山墙面，仅设一块混凝
土板。内部空间明确简
练，矩形空间狭窄而高
耸，天光通过漫反射进
入室内，光影与色彩不
断变化。

La Congiunta 艺术博物馆
平面图、剖面图

圣尼古拉教堂

提契诺地区最为重要的
罗曼式教堂之一，主入口
位于西端山墙面，由壁柱
限定出入口门拱，两侧置
有石狮雕像。沿建筑檐口
有石拱浮雕。建筑通体
由方形石块砌筑而成。在
南立面设有第二个入口
门廊。钟塔位于中殿西北
侧。立面没有开窗，只有
很小的方形空洞。室内的
壁画创作于 1478 年，由
Nicolao da Seregno 完
成。

⑦ 伊拉尼亚市政厅
Municipio Iragna

建筑师：Raffaele Cavadini
地址：Nucleo 27, 6707 Iragna
类型：办公建筑
年代：1995

⑧ 伊拉尼亚教堂太平间
Signal Box Auf dem Wolf

建筑师：Raffaele Cavadini
地址：Via Berca 1 6707 Iragna
类型：宗教建筑
年代：1994

伊拉亚亚市政厅

建筑将原有的公园变为开放的广场，形成新的城镇中心，试图介入当地的城市肌理。白色混凝土基座上的二层立面采用了当地出产的石材，与周边的乡土建筑形成呼应，而后方多功能厅则面向草坪开放，以崭新的方式诠释了当地山区的建筑传统。

伊拉亚亚教堂太平间

Cavadini 在伊拉尼亚的另一座公共建筑，位于教堂一旁，简洁的石墙开辟出宁静的园中之园，围合着混凝土的小礼拜堂，并通过材料与几何语汇与市政厅呼应。

⑨ 贝林佐纳公共游泳池 ❂
Bagno Pubblico E
Piscina Coperta
Bellinzona

建筑师：Aurelio Galfetti
地址：Via Mirasole 20,
6500 Bellinzona
类型：体育建筑
年代：1970

贝林佐纳公共游泳池

架起的桥径直通过绿地，一端连接城市，一端连接河岸，人们须走下桥，进入桥两侧的泳池和公园，桥下设置服务空间，以城市设计的思路营造公共开放空间，并完美结合了城市的基础设施。

⑩ 贝林佐纳商务中心
Kunstmuseum Sankt Gallen

建筑师：马里奥·博塔
地址：Via dei Gaggini 1, 6500 Bellinzona
类型：办公建筑
年代：1997

林佐纳商务中心

括商务、会议以及国
刑事法庭。建筑外方
圆，方形场地一角敞
千，将人引入下沉的圆形
拱桥通向主入口，另外
三角各为办公入口。立面
用统一的红色墙砖和标
性的几何语言。

邦法院

留了原商务学校的入口
层建筑、新建的混凝土
层建筑通过各层的微小
挑呼应新古典建筑，内
天井与办公空间围绕中
的法院审判室，以树叶
意象的金字塔形顶棚为
厅引入天光。

⑪ 联邦法院
Tribunale Penale Federale

建筑师：Durisch + Nolli Architetti + Bearth & Deplazes Architekten
地址：Viale Stefano Franscini 7, 6500 Bellinzona
类型：办公建筑
年代：2013

洛朗德城堡

城堡的修建最早可追溯
至公元前 4 世纪。城堡平
呈不规则弧形，双塔
于北侧，分别高 27 米
和 28 米。中世纪盛期的
建造痕迹在堡墙中有所体
。Galfetti 的改造引入
具仪式感和空间体验的
入口、楼梯、以历史语
和新旧材质交接与城堡
话。入口广场由 Livio
acchini 设计。

⑫ 格朗德城堡 ⊙
Castel Grande

建筑师：Aurelio Galfetti.
地址：Salita Castelgrande 18, 6500 Bellinzona
类型：其他
年代：原建筑 13 世纪, 1991 改造
备注：世界文化遗产
http://www.bellinzonaturismo.ch/en/castles/castelgrande.aspx

泰贝洛城堡

堡因位于蒙泰贝洛山而
名，位于城市东部。堡
呈不规则四边形，从外
内共有三层院落嵌套而
。现存城堡的形态大约
15 世纪末形成。该城
普与城市的城墙相连形
整体性的防御构筑。目
最内层的建筑作为考古
物馆。

⑬ 蒙泰贝洛城堡
Castello di Montebello

建筑师：Mario Campi
地址：Via Artore 4, 6500 Bellinzona
类型：其他
年代：13 世纪晚期
备注：世界文化遗产
http://www.bellinzonaturismo.ch/en/castles/montebello.aspx

索·科尔巴洛城堡

于城市东南的岩山
，与其他两座城堡不
，该城堡未和城市的
御体系相融合。现存
古老的是东北侧的塔
，以 15 世纪末所建。城
平面为 25 米 ×25 米方
，在东北和西南两个
部设有角楼。东侧堡
最后，约 1.8 米，其
部约为 1 米。

⑭ 萨索·科尔巴洛城堡
Castello di Sasso Corbaro

建筑师：Benedetto Ferrini
地址：Via Sasso Corbaro 44, 6500 Bellinzona
类型：其他
年代：15 世纪晚期
备注：世界文化遗产

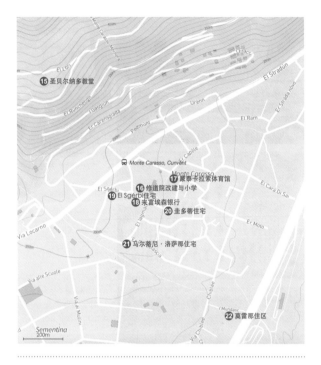

圣贝尔纳多教堂

建于 11 世纪末，15 世纪扩建，现存的钟塔、广廊和礼拜室建造于 16 世纪。室内墙面饰有壁画。位于蒙泰卡拉索东北部的山丘上，海拔约 600 米。四周为树林所包围。教堂制体现了罗曼式和晚期文艺复兴风格。

修道院改建与小学

该建筑原为奥古斯丁天主教派的修道院，可追溯至公元 15 世纪。自 1859 年关闭后，直到 1970 年，当地政府决定对该地段进行改造以实现地区复兴。修道院已被拆除一部分，建筑师路易吉·斯诺兹坚持保留剩余部分，并通过设计改造为小学。路易吉·斯诺兹希望在设计中对历史重构，而非完全复原，拆除老建筑的第二层，并在东侧部分加建，并新建侧廊，贯穿建筑群。一方面满足小学对于采光的需要，另一方面再现 15 世纪修道院内院意象。

蒙泰卡拉索体育馆

该体育馆为单层建筑，位于 Monte Carasso 老修道院的东侧，城市公墓的北侧。建筑平面为矩形，可以满足室内篮球等运动的需要，在平面中心和四周均设有天窗。建筑为半地下，以降低建筑高度，和周围的环境尺度相协调。外立面采用清水混凝土。建筑东侧有长廊，其高度略低于体育馆檐口，强调整体的水平延展性。

---

⑮ 圣贝尔纳多教堂
Chiesa di S. Bernardo

地址：El Lòri 7,
6513 Monte Carasso
类型：宗教建筑
年代：11 世纪末

⑯ 修道院改建与小学 ⊘
Verwaltungsgebäude
der Eternit AG

建筑师：路易吉·斯诺兹
地址：El Cunvént 4,
6513 Monte Carasso
类型：科教建筑
年代：1993

⑰ 蒙泰卡拉索体育馆 ⊘
Monte Carasso
Gymnasium

建筑师：路易吉·斯诺兹
地址：El Cunvént 17A,
6513 Monte Carasso
类型：体育建筑
年代：1990

⑱ 来富埃森银行
Banca Raiffeisen

建筑师：路易吉·斯诺兹
地址：El Cunvént 7, 6513 Monte Carasso
类型：商业建筑
年代：1984

来富埃森银行

一层为银行，二三层为公寓，一层平面中弧形门墙和玻璃墙的设置强调出了轴线的仪式感，入口微妙半拱的类型学操作面向城市，南立面一层圆弧与三层的反弧形成了公共性与私密性的对话。

来福埃森银行平面图

⑲ El Sgérbi 住宅
Residence El Sgérbi

建筑师：马里奥·博塔
地址：El Sgérbi 7A, 6513 Monte Carasso
类型：居住建筑
年代：1996

Sgérbi 住宅

矩形和弧形两组体量通过连廊连接而成，中间为半开敞公共空间，玻璃天窗12米×30米。建筑高三层，为减弱体量，将其分为两组，通过中间的开放空间可以连通南北两侧的街区。

⑳ 圭多蒂住宅
Casa Guidotti

建筑师：路易吉·斯诺兹
地址：El Cunvént 13, 6513 Monte Carasso
类型：居住建筑
年代：1984

圭多蒂住宅

三层的集中式矩形体量，清水混凝土墙面，建筑为西北、东南朝向，建筑尺度体现了斯诺兹对Monte Carasso 小镇的整体更新策略。并以现代建筑语言回应场地传统。

㉑ 马尔蒂尼·洛萨那住宅
Casa Martini Rossana

建筑师：Guidotti Architetti
地址：El Rïaa 6, 6513 Monte Carasso
类型：居住建筑
年代：2008

马尔蒂尼·洛萨那住宅

该住宅位于塞门蒂纳溪谷北岸，呈线性体量，与溪谷平行。地面层临溪谷一侧向内退让，现在的主人将地面层出租，自己居住于二层和三层。随着居住人数的变化，空间可以灵活分隔，具有较强的适应性。

㉒ 莫雷那住区
Quaterie Morenal

建筑师：路易吉·斯诺兹
地址：Quartiere Morenal, 6513 Monte Carasso
类型：居住建筑
年代：1998

莫雷那住区

L形的体量布置和立面的开放性回应了一侧的河岸和另一侧的公路，而围合出面向小镇的开放绿地。极简的几何体量诠释了城镇居住区的现代形式。

㉓ 体育馆
Parestra

建筑师：Studio Vacchini
Architetti
地址：Via Arbigo 15,
6616 Losone
类型：体育建筑
年代：1997

㉔ 玛格丽特阿尔普基金会
Fondazione Marguerite
Arp

建筑师：Gigon Guyer
Architekten
地址：Via alle Vigne 46,
6600 Locarno-Solduno
类型：文化建筑
年代：2014

体育馆

位于军事管理区内的绿
地中，定义了城市边界
区域，同时满足军队和
市民的活动需求。混凝
土密肋和玻璃构成了建
筑理性、去方向性的外
观，保证了体育馆最大
的自然采光。建筑为半
地下，通过坡道到达主
入口。

玛格丽特阿尔普基金会

位于阿尔普私人住宅的
一端，由于后侧的山坡
有潜在的滑坡危险，建筑
采用了单一的混凝土体
量，尽可能减少窗口，并
未采用天光，两层的展
览空间面向住宅的美丽
花园。

213

25 圣母萨索圣山教堂

26 Rusca画廊

LOCARNO

27 邮政局大楼

29 Ghisla画廊

28 Ferriera办公楼

30 洛迦诺中学

31 洛迦诺温泉
水疗中心

200m

㉕ 圣母萨索圣山教堂
Madonna del Sasso

地址：Via Santuario 2,
6644 Orselina
类型：宗教建筑
年代：15 世纪

㉖ Rusca 画廊
Pinacoteca casa Rusca

建筑师：MORO e MORO
地址：Piazza Sant'Antonio
1, 6600 Locarno
类型：文化建筑
年代：1993
备注：museocasarusca.
ch

㉗ 邮政局大楼 ✔
Palazzo delle poste

建筑师：Studio Vacchini
Architetti
地址：Piazza Grande 3,
6600 Locarno
类型：办公建筑
年代：1996

㉘ Ferriera 办公楼
La Ferriera

建筑师：Studio Vacchini
Architetti
地址：Via Antonio Ciseri
13A 6600 Locarno
类型：办公建筑
年代：2003

圣母萨索圣山教堂

圣方济各会位于洛迦诺
最著名的朝圣地点，为
纪念圣母显迹而建。黄
色教堂耸立于峭壁之上
的树林之中，其柱廊可
一览洛迦诺湖光山色。

Rusca 画廊

原 为 San Antonio 广场
的 18 世纪中产阶级住
宅，建筑师以最少的操
作改造为画廊，展览空
间最大程度利用了中心
的庭院和花园，并保留
了原建筑的木石结构。

邮政局大楼

建 筑位于洛迦诺大广
场，其抽象的外观由花岗
岩和玻璃组成，组成城
市中心的标志性建筑，水
平向的材质构成使体量
去物质化，使建筑轻
量化，并模糊了楼层区
分，面向湖面的一侧底
层空间三个混凝土柱取
消与上层结构的对应，更
加强了这一意图。

Ferriera 办公楼

具有标志性的钢框架立
面 以 1.7 米 为单元 模
数，统合了内部两个办公
楼体量，并于中央通高
的开放中庭作为分界，底
层架空空间面向城市，与
人行道共享。

㉙ Ghilsla 画廊
Galleria Ghilsla Art Collection

建筑师：MORO e MORO
地址：Via Antonio Ciseri 3, 6600 Locarno
类型：文化建筑
年代：2007
备注：http://www.ghisla-art.ch/

㉚ 洛迦诺中学 ✓
Scuola media Lucarno

建筑师：Dolf Schnebli
地址：Via Dr. Giovanni Varesi 30, 6600 Locarno
类型：科教建筑
年代：1963

Ghilsla 画廊

新画廊重塑了原 1940 年代画廊的立面，以红色铝网遮蔽了所有窗口，取而代之以综合建筑设备的墙体构造，非承重内壁的取消为每层提供了三个展览空间，立面在阳光角度变化下呈现不同的颜色，唯一出口面向城市街道。

洛迦诺中学

Dolf Schnebli 的现代主义代表作，建筑布局以方形混凝土的教室单元组合构成，井围合出不同层次的庭院，将教学空间与办公、公共空间合理分区，铜制的屋顶与侧向天窗单元为其特色。

洛迦诺温泉水疗中心

线形的水疗中心位于洛迦诺湖岸，室内跌落的浴池如石块中砌凿而出，公共室内泳池与室外泳池连接，面向着湖光山色。

㉛ 洛迦诺温泉水疗中心
Termali Salini & Spa Locarno

建筑师：MORO e MORO
地址：Via Gioacchino Respini 7, 6600 Locarno
类型：商业建筑
年代：2013
备注：www.termali-salini.ch/

㉜ 卡尔曼住宅 ✔
Casa Kalmann

建筑师：路易吉·斯诺兹
地址：Via Panoramica 66,
6645 Minusio
类型：居住建筑
年代：1976

㉝ 国家体育中心
Verwaltungsgebäude
der Eternit AG

建筑师：马里奥·博塔
地址：Via Brere
6598 Tenero-Contra
类型：体育建筑
年代：2001

㉞ SSIC 职业教育中心
SSIC Centro di
Formazione Professionale

建筑师：Durisch + Nolli
Architetti
地址：Via Santa Maria 27,
6596 Gordola
类型：科教建筑
年代：2010

卡尔曼住宅

住宅位于陡坡之上，在极限的地质条件上，巧妙沿等高线布置弧线形的建筑体量和观景平台，并由桥连接入口，室内楼梯自然地布置在山坡上，二层通高的起居空间面向湖景。

国家体育中心

体育综合体由主体育馆和扇形的公寓管理楼组成，体育馆面向草坪的过渡空间为宽阔的柱廊，由10个7.6米，宽11米高的单元组成，室内功能可以根据需求改变，并在拱形屋顶引入天光。两座建筑采用混凝土结构及红砖立面。

SSIC 职业教育中心

SSIC（瑞士建筑工程协会）提契诺州分会的职业培训中心，旨在为青年从业者提供专业技能教育培训。方案将各种功能整合于一体，简单体量重复而成，坐落于平台之上，平台之下为停车储蓄空间，室外空间面积超出需求，为更多活动提供可能。

⑮ 波尔塔小教堂 ✪
Porta Oratory

建筑师：Raffaele Cavadini
地址：Via Costa di Dentro
6614 Porta
类型：宗教建筑
年代：1998
坐标：46° 07'24N, 8° 42'28E

波尔塔小教堂

小礼拜堂位于小镇沿山坡布置的住宅区之中，简洁的立方体混凝土框架结构，一半留空作为室外平台，面向街道和小花园。另一半封闭为礼拜堂，引入侧向和顶部的自然光。这一两分空间形成了城市中的开放系统。

⑯ 布里萨戈陵园扩建
Ampliamento cimitero 1°
tappa Brissago

建筑师：Raffaele Cavadini
地址：Via Valmara 7, 6614
Brissago
类型：宗教建筑
年代：2005

布里萨戈陵园扩建

紧邻教堂的陵园坐落于湖岸的山崖上，Cavadini标志性的混凝土框架向内围合出庭院，并面向湖景方向开放。

天使圣母礼拜堂 ✓
Kapelle Santa Maria
degli Angeli

建筑师：马里奥·博塔
地址：Alpe Foppa /
Monte Tamaro 6802
Rivera
类型：宗教建筑
年代：1996

礼拜堂如飞翔般轻触山顶，博塔设计两条流线，一条沿屋顶来到尽端的观景平台，面向提契诺州的全景，并沿台阶向下，另一条在两面红色石墙间沿山坡而下，线性路径正面向礼拜堂入口的平台。礼拜堂室内进入了空间的高潮，屋顶楼梯巧妙与天光结合，形成跌落的漫射光，布置 Enzo Cucchi 画作的圆形平面屏蔽了风景，成为宁静的冥想空间。建筑将流线、建造、几何、景观、宗教性理性而清晰地融合一体。

天使圣母礼拜堂平面图、剖面图

维迪吉奥－卡莎拉蒂隧道入口

新的 Vedeggio—Cassarate 隧道连接卢加诺体育场和米兰－苏黎世高速公路，引发了两地城市结构的变化。反复使用不同长度云杉树干的矩形截面，利用参数化设计程序，通过使用这种方法展示其复杂性。

Balmelli 住宅

坐落于 San Vigilio 山顶，建筑结合自然地形以减少土方，立面可以全天获得日照及全角度视野，景观与地形条件使建筑师采取了阶梯状上下排列的房间，而立面以斜向 30 度为母题。

㊳ 维迪吉奥－卡莎拉蒂隧道入口
Galleria Vedeggio-Cassarate

建筑师：Cino Zucchi Architetti
地址：Galleria Vedeggio-Cassarate 6952 Canobbio
类型：交通建筑
年代：2012

㊴ Balmelli 住宅 ✓
Casa Balmelli

建筑师：Tita Carloni, Luigi Camenisch
地址：Via S. Vigilio 6 6821 Rovio
类型：居住建筑
年代：1957

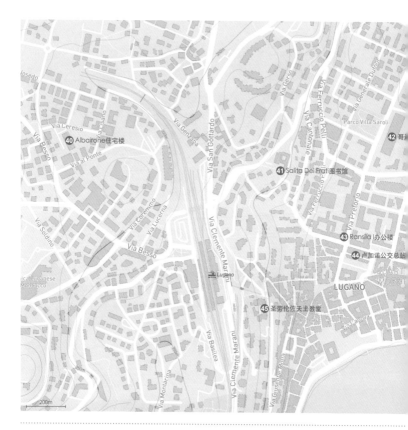

⑩ Albairone 住宅楼 ⚲
Casa Albairone

建筑师：Peppo Brivio
地址：Via Ceresio 7
6900 Massagno
类型：居住建筑
年代：1956

㉛ Salita Dei Frati 图书馆
Biblioteca Salita dei Frati

建筑师：马里奥·博塔
地址：Salita dei Frati 4a,
6900 Lugano
类型：文化建筑
年代：1982

Albairone 住宅楼

位于城市外围社区，为
七层低收入住宅，由三
个不同颜色的独立体块
组成，共有 72 套住宅，突
出的体量为混凝土结构
及轻质砖，立面形成轻
快的节奏感。

Salita Dei Frati 图书馆

该图书馆于 1980 年代初
开放，位于嘉布遣会修
道院东南侧，使得修道
院中的古籍藏书得以与
公众见面。图书馆和修
道院融为一体，为避免
新建建筑对原有历史建
筑的影响，图书馆为半地
下，在顶部设置天窗，以
保证室内采光。图书馆
的入口和修道院是分开
独立设置的。

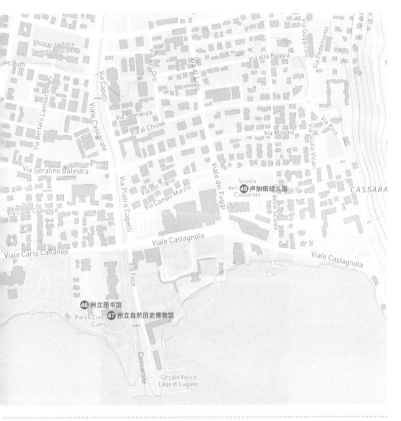

㊷ 哥达银行
Banca del Gottard

建筑师：马里奥·博塔
地址：Viale Stefano
Franscini 8, 6900 Lugano
类型：商业建筑
年代：1988

哥达银行

四个办公建筑单元直线
排列，以楼梯间作为连
接，办公楼围绕三角形
天窗下的中庭组织办公
空间，底层柱廊形成凹
凸的入口广场空间。

㊸ Ransila I 办公楼
Ransila I

建筑师：马里奥·博塔
地址：Via Pretorio 9, 6900
Lugano
类型：办公建筑
年代：1990

Ransila I 办公楼

以其屋顶的一棵樱桃树
而著称，又被称为"樱
桃大厦"。这座建筑位于
广场的街角，对称的体
量采用几何减法，形成
底层的入口空间。集中
了博塔的多种语汇，包
括清晰的几何秩序，红
砖的砌筑和仪式感的空
间。

㊹ 卢加诺公交总站
Central Bus Terminal

建筑师：马里奥·博塔
地址：Via Corso Enrico
Pestalozzi 6900 Lugano
类型：交通建筑
年代：2002

㊺ 圣劳伦佐天主教堂
Cattedrale di S. Lorenzo

地址：Via Borghetto 2,
6900 Lugano
类型：宗教建筑
年代：818

㊻ 州立图书馆
Biblioteca Cantonale

建筑师：Rino Tami
地址：viale Carlo Cattaneo
6, 6900 Lugano
类型：文化建筑
年代：1940

㊼ 州立自然历史博物馆
Museo cantonale di
storia naturale

地址：Viale Carlo
Cattaneo 4, 6900 Lugano
类型：文化建筑
年代：1979
开放时间：09:00 -12:00,
14:00 - 17:00, 周一及假期闭馆
团体参观须预约，免费
www.ti.ch/mcsn

㊽ 卢加诺幼儿园
Kindergarten

建筑师：Bruno Fioretti
Marquez
地址：Via Concordia 7,
6900 Lugano
类型：科教建筑
年代：2014

卢加诺公交总站

长达 70 米，进深 18 米
的屋顶覆盖了广场上的
整个公交站，由相对的
两个半透明结构营造出
新的城市空间，两层钢
梁仅由 4 根柱子支撑，开
敞的架空空间之上笼罩
着透光的屋顶，消解了
体量的压迫感。

圣劳伦佐天主教堂

罗马天主教堂，建于中世
纪盛期，在 15 世纪末重
建。建筑主入口山墙立
面采用 Saltrio、Viggiù
和 Carrara 的白色大理
石，通过 4 根壁柱将立
面划分为三段。主入口
位于正中，上方有玫瑰
窗和天使图案装饰。钟
塔位于北侧，其底部为
罗曼式风格，顶部为巴
洛克风格，并建有八角
穹顶。

州立图书馆

位于卢加诺湖北岸，建
筑由两个矩形体量组
成，围合成 L 形，西南
侧为公共绿地。图书馆
成立于 1852 年，起初作
为圣安东尼奥修道院的
一部分，后来成为独立
的图书馆，并于 1941 年
迁至现在的建筑中。

州立自然历史博物馆

该建筑位于州立图书馆
东侧，靠近城市公园
(Parco Civico)。建筑为
矩形平面。建筑外观为
清水墙面，其粗犷的肌
理和形体反映了当时"粗
野主义"的影响。
楼梯间等辅助用房位于
北侧，功能用房位于南
侧，体现了建筑形体和
内部功能相契合。

卢加诺幼儿园

单层结构与多层住宅的
街区形成鲜明的对比，由
46 个不规则四边形坡屋
顶单元组合，每一组功
能空间包括更衣卫生间
模块和就餐空间，围合
出四个庭院和中央的游
戏空间。

49 比安奇住宅

50 圣克罗齐教堂

Riva San Vitale

51 工作室住宅

52 圣乔瓦尼洗礼堂

Via dell'Indipendenza

Capolago-
Riva S. Vitale

200m

㊾ 比安奇住宅 ✅
Casa Bianchi

建筑师：马里奥・博塔
地址：Via Fomeggie 6,
6826 Riva San Vitale
类型：居住建筑
年代：1973

㉚ 圣克罗齐教堂
Chiesa di S. Croce

建筑师：Giovanni Antonio
Piotti
地址：via Santa Croce,
6826 Riva San Vitale
类型：宗教建筑
年代：1591

㉛ 工作室住宅
Casa con studio

建筑师：Giancarlo Durisch
地址：Via Dell'Inglese 3A,
6826 Riva San Vitale
类型：居住建筑
年代：1974

㉜ 圣乔瓦尼洗礼堂
Battistero di S. Giovanni

地址：Via Dell'Inglese 5,
6826 Riva San Vitale
类型：宗教建筑
年代：5 世纪

比安奇住宅

住宅依山面湖而建，位于村落北侧的道路尽头，以四层的塔形结构，建立了与景观地形的关系，各层凹进的平台将景观引入室内。整个建筑采用廉价的水泥砖材料和简朴的装饰，红色钢框架的桥作为顶层入口，表达材料与建构的真实性。

比安奇住宅平面图

圣克罗齐教堂

由来自米兰的德拉・克罗齐家族修建，建造历时约 9 年，是瑞士文艺复兴晚期的重要建筑。教堂为中心集中式布局，中心上方有八边形穹顶覆盖。室内的壁画由卡米洛・普罗卡奇尼（Camillo Procaccini）及其学生共同完成。

工作室住宅

建筑兼顾住宅和工作室两用。限定在严格的几何体中，两个三角形相对而立，对外封闭而对内开放，并对比于周边的自然乡土环境。

圣乔瓦尼洗礼堂

瑞士最古老的石构建筑，见证了该地区皈依基督教的历史。礼拜堂基座为矩形，屋顶为八边形。原主入口位于建筑北侧。现在主入口于西立面，为砖砌圆拱门洞。建筑为轴对称布局，半圆形的加洛林后殿（Carolingian apse）于东端，曾重建过 2 次，现在的形制可追溯至公元 9 世纪。

建筑师：Matteo Thun
地址：Via Sant' Apollonia
32,6877 Coldrerio
类型：办公建筑
年代：2006

㊿ 梅蒂奇别墅
Strandbad Jona

建筑师：马里奥·博塔
地址：Via Pietane 12,6854
Stabio
类型：居住建筑
年代：1982

Hugo Boss 研发中心

建筑最大的特色为木材
编织的镂空立面，限定
并遮蔽。室外平台同时
传达品牌主题。建造采
用了可快速组装的预制
网木单元。底层为会议
展示空间，二三层的开
放办公空间围绕引入天
光的中庭。

梅蒂奇别墅

博塔以简洁的圆柱体作
为对周边环境的回应，生
活空间围绕竖直向的交
通空间，从首层的入口
空间进入上层的私密空
间。三角、圆、方形的
几何体的切割与构成暗
示古典折中主义传统以
及重建家庭生活的仪式
性意义。

100m

- -

⑤ Genestrerio 教堂立面改造
Pfarrhaus in Genestrerio

建筑师：马里奥·博塔
地址：Piazza Baraini 22,
6852 Genestrerio
类型：宗教建筑
年代：1963

⑥ 下莫比奥中学 ✪
**Scuola Media Morbio
Inferiore**

建筑师：马里奥·博塔
地址：Via Stefano Franscini
30, 6834 Morbio Inferiore
类型：科教建筑
年代：1977

Genestrerio 教堂立面改造

充满现代感的几何语言
重建了原镇中心教堂的
正立面，与后侧的历史
建筑形成新旧对比，再
造了中心广场的气质。厚
重的石墙以几何的韵律
跌退为大门，强调入口
的公共性与仪式性。

下莫比奥中学

博塔早期代表作，长达
150 米的三层教学楼分为
8 个教学组团，每层为一
个教室，而组团之间相
互封闭。每个组团以中
庭为核心，M 形的屋顶
以侧高窗方式为垂直的
公共空间提供自然光，分
割而视线流通的中庭成
为学生活动的场所。建
造以清晰的逻辑将结构
单元与空间单元合二为
一。

⑤⑦ m.a.x. 博物馆
m.a.x. Museo

建筑师：Durisch + Nolli
Architetti
地址：Via D. Alighieri 6
6830 Chiasso
类型：文化建筑
年代：2005

⑤⑧ 椭圆商业中心
Centro Ovale Chiasso

建筑师：Ostinelli & Partners
Architetti
地址：Via Pietro E Luisita
Chiesa, 6830 Chiasso
类型：商业建筑
年代：2011

m.a.x. 博物馆

博物馆用来展示艺术家
Max Huber 和 Takashi
Kono 的作品，深远悬挑
采用了柔和的半透明材
料，模糊了其清晰而有
力的结构，再定义了镇
中心的文化场所。

椭圆商业中心

巨大的蛋形建筑坐落于
基亚索公路入口，成为
进入瑞士的门户，匀质
的立面以编织的金属结
构结合夜间照明，消解
了楼层区分，并遮蔽内
部巨大的木结构。

格拉鲁斯美术馆 / Hans Leuzinger

GL

格拉鲁斯州 Glarus

21 · 格拉鲁斯州

建筑数量：03

01 社区会堂 / Hans Leuzinger
02 艾特尼特公司办公大楼 / Haefeli Moser Steiger (HMS)
03 格拉鲁斯美术馆 / Hans Leuzinger

社区会堂

该社区会堂位于突起的岩石上，建筑平面为不规则六边形，屋顶为坡顶造型。建筑位于城市西北角，可以俯瞰城市全貌。从地势较低处沿台阶拾级而上可以到达建筑入口。建筑包括前厅、大厅、厨房加工间等区域，作为社区公共设施，这里已经成为歌唱表演、乐团排练、酒会、健美操练习、会议等活动的场所，可以举行多达 300 人规模的活动。

艾特尼特公司办公大楼

作为现代主义建筑设计理念的典范，该建筑于1964 年扩建，依然由HMS 建筑师事务所完成设计。2003 年由 M & E Boesch 建筑师事务所进行修复设计。

格拉鲁斯美术馆

美术馆由两个矩形体量组成，建筑饰面为浅色砖墙，屋顶为坡顶造型，外挂玻璃面层。两个矩形体量位于用地东南角，呈 L 形布局，体量之间用门廊相连。在西北侧围合形成开敞空间，与建筑北侧的公园相融成为整体。

⓿¹ 社区会堂
Jakobsblick

建筑师：Hans Leuzinger
地址：Badstrasse 27B
8867 Niederurnen
类型：文化建筑
年代：1956

⓿² 艾特尼特公司办公大楼
Verwaltungsgebäude
der Eternit AG

建筑师：Haefeli Moser
Steiger
地址：Eternitstrasse 1
8867 Niederurnen
类型：办公建筑
年代：1954

⓿³ 格拉鲁斯美术馆
Schulhaus Gräfler

建筑师：Hans Leuzinger
地址：Im Volksgarten 2
8750 Glarus
类型：文化建筑
年代：1952
备注：http://www.
kunsthausglarus.ch
开放时间：周二至周五 14:00-
18:00 ;周六至周日 11:00-17:00

阿尔邦城堡及历史博物馆

图尔高州 Thurgau

22 · 图尔高州
建筑数量：05

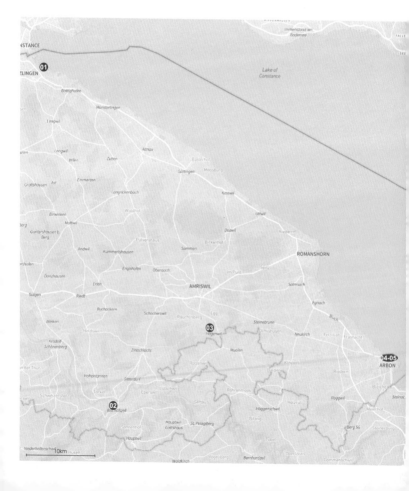

西伯格城堡

始建于 16 世纪末, 当时作为修道院的宅邸。1633 年遭到火灾, 后进行重建, 1833 年 之 后, 作为图尔高州的教师协会所在地。1870 年建筑师 Ernst Jung 对城堡进行修缮, 形成现在的外观。在 1982 至 1984 年的修缮中, 建筑师 Ernst Oberhänsli 对建筑进行了全面维护。城堡位于城市东部的公园之中, 距水面仅 200 米, 有良好的景观和视野。目前城堡中有餐厅, 和公园功能相融合, 成为城市公共生活的场所。在城堡东侧有玫瑰花园。

圣乌尔里希奥古斯丁修道院

12 世纪初由康斯坦斯主教主持建造, 15 世纪末在斯瓦比亚战争中遭到破坏, 此后在 17 世纪的 30 年战争中再次受损, 曾是教会的修道院, 于 1848 年从教会中转交至地方政府。现存建造为巴洛克风格, 其内部圣坛具有华丽的洛可可装饰, 由 Jakob Hoffner 设计 (1737)。经过多次修复重建, 建筑呈折线形, 在西南侧围合成院落。钟塔和后殿位于北侧。

❶ 西伯格城堡
Schloss Seeburg

建筑师 : Ernst Jung
Ernst Oberhänsli
地址 : Seeweg 5,
8280 Kreuzlingen
类型 : 其他
年代 : 1870
开放时间 : 周一关闭 ; 周三至周五 11:00-14:00,17:00-23:00 ; 周六 : 11:00-23:00 ; 周日 11:00-22:30
备注 : http://www.schloss-seeburg.ch/

❷ 圣乌尔里希奥古斯丁修道院
Ehemaliger Augustinerchor-herrenstift St. Ulrich

地址 : Hauptstrasse 87,
8280 Kreuzlingen
类型 : 宗教建筑
年代 : 12 世纪
开放时间 : 9:00-18:00

---

⑬ 哈根维尔城堡
Weiherschloss Hagenwil

地址：Schloss-Strasse 1,
8580 Amriswil
类型：其他
年代：13 世纪

⑭ 阿尔邦城堡及历史博物馆
Schloss sowie
Historisches Museum

地址：Schloss 4, 9320
Arbon
类型：其他
年代：13 世纪
开放时间：5 月至 9 月：周二
至周日 14:00-17:00；10 月、11
月、3 月、4 月：周日 14:00-
17:00；12 月、1、2 月闭馆
备注：http://museum-
arbon.ch/

⑮ 圣马丁天主教堂
Katholische Kirche St.
Martin

地址：Bahnhofstrasse 1,
9320 Arbon
类型：其他
年代：1790

哈根维尔城堡

中世纪晚期建筑风格，四
面环水，南侧和西侧通
过木桥和对岸相连。建
筑基座部分由石块砌筑
而成，二层及以上部分
为木构体系，屋面为复
折式屋顶。建筑位于安
里斯威东南侧，距离城
市中心约 1.5 公里。

阿尔邦城堡及历史博物馆

城堡位于阿尔邦城东，博
登湖西岸。西南角的塔
楼是现存历史最悠久的
部分，其基座部分墙体
厚约 3.2 米，室内保存
有 2 个罗曼式壁炉。16
世纪初，主教 Hugo von
Hohenlandenberg 主持
修缮城堡，形成现今的
外观。建筑群呈 U 形布
局，南侧敞开，形成入
口开放空间。1967 年进
行修缮与扩建，并作为
历史博物馆对公众开放。

圣马丁天主教堂

晚期哥特风格，钟楼位于
西端，后殿位于东端。中
殿曾进行修缮和扩建。紧
邻的加卢斯礼拜堂始建
于，13 世纪为纪念爱尔
兰传教士 Gallus 而建，同
样入选瑞士文化遗产名
录 A 级名录。

凹山
圣加仑州　St. Gallen

23 · 圣加仑州
建筑数量：21

01 拉珀斯维尔 - 约纳市立博物馆 / mlzd
02 海滨浴场 / Michael Meier Marius Hug Architekten AG ⏲
03 树博物馆 / Enzo Enea
04 埃申巴赫学校 / Christian Kerez
05 圣加仑大学 / Walter Förderer, Rolf Otto & Hans Zwimpfer
06 瑞士保险公司总部 / 赫尔佐格与德梅隆
07 博尔车站 / 圣地亚哥·卡拉特拉瓦
08 圣加仑剧院 / Cramer-Jaray-Paillard
09 圣加仑美术馆改造 / Marcel Ferrier
10 圣加仑修道院及图书馆
11 Pfalzkeller 画廊 / 圣地亚哥·卡拉特拉瓦

12 Pfalzkeller 应急服务中心 / 圣地亚哥·卡拉特拉瓦
13 城市客厅 / Carlos Martinez, Pipilotti Rist
14 圣加仑自然博物馆 / Michael Meier Marius Hug Architekten
15 比兴学校新校舍 / Angela Deuber
16 严实公司办公新区 / Davide Macullo Architects
17 甘滕拜因住宅 / Peter Märkli
18 Kuehnis 住宅 / Peter Märkli
19 特吕巴赫公寓 / Peter Märkli
20 萨尔甘斯集合住宅 / Peter Märkli
21 塔米娜浴场 / Smolenicky & Partner Architektur

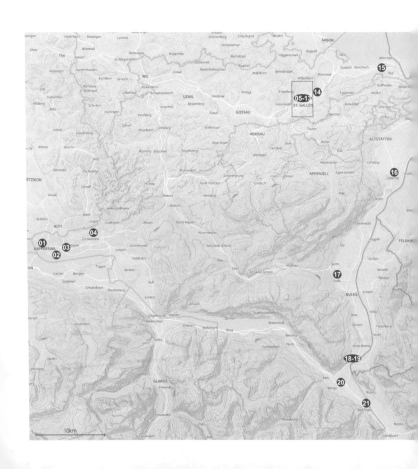

海滨浴场 · 平面图

立珀斯维尔－约纳市立博物馆

有100年历史的博物馆旧馆由堡垒般的塔楼和一栋住宅楼连接而成，在2011年的大规模改造过程中，将中间的连接建筑进行了替换，新建筑采用了金色穿孔板的折面造型，突出新的二层入口大空间，并呼应了原建筑间复杂的剖面关系，并创造出弹性的展陈活动空间。

海滨浴场

Stampf游泳设施的服务中心，将不同功能如更衣室、餐厅、入口等空间线性排列，以不同姿态面向湖面和另一侧的草地。建筑最大的特色在于直接外露的混凝土肋支撑的伞形屋面与内部结构似有似无地脱开，肋板向内微微抬起形成檐口，而内部空间则获得解放和通透性，探索了材料和结构在建筑中的构成。

⓵ 拉珀斯维尔－约纳市立博物馆
Stadtmuseum Rapperswil-jona

建筑师：mlzd
地址：Herrenberg 40, 8640 Rapperswil
类型：文化建筑
年代：2011
备注：http://www.stadtmuseum-rapperswil-jona.ch/
开放时间：周三至周五 14:00-17:00; 周六周日 11:00-17:00

⓶ 海滨浴场 〇
Strandbad Jona

建筑师：Michael Meier Marius Hug Architekten AG
地址：Strandweg, 8645 Rapperswil-Jona
类型：其他
年代：2007-2008

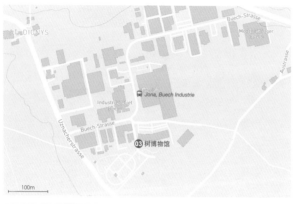

⑬ 树博物馆
Baummuseum Enea

建筑师：Enzo Enea
地址：Buechstrasse 12,
Rapperswil-Jona,
Switzerland
类型：其他
年代：2010
备注：http://www.enea.
ch/baummuseum/
开放时间：从三月到十月：
周一至周五 9:00-18:00，周
六 10:00-17:00；十一月到
次年二月：周一至周五 9:00-
17:30，周六 10:00-16:00

⑭ 埃申巴赫学校
**Schoolhouse 'Breiten',
Eschenbach**

建筑师：Christian Kerez
地址：Bildstöcklistrasse 2
8733 Eschenbach
类型：科教建筑
年代：1999-2003

树博物馆

75000 平方米的公园内展
示了瑞士知名树木收藏
家 Enzo Enea 收藏的大
量树木品种，他作为景
观建筑师设计了整个公
园的景观，包括绿植的
分布，利用石块垒成几
何形体的高矮墙面作为
树木的配景，而姿态大
小不一的树木则成了整
个设计的主角。

埃申巴赫学校

Kerez 在该校舍设计中挑
战了既有学校的设计模
式，将三个大小形状不
同的竖向交通单元作为
整个建筑的中庭核心以
及主要结构，摆脱重力
的限制，解放了各层空
间，并和立面通高三层
的斜撑一起将各层统一
起来，由此形成各层开
放多变的教室空间。

06 瑞士保险公司总部

05 圣加仑大学

圣加仑美术馆改造 09

08 圣加仑剧院

07 博尔车站

ST. GALLEN

11 Pfalzkeller画廊

12 Pfalzkeller应急服务中心

10 圣加仑修道院及图书馆

13 城市客厅

100m

⑮ 圣加仑大学 ✔
Universität St. Gallen

建筑师：Walter Förderer,
Rolf Otto & Hans Zwimpfer
地址：Durfourstrasse 50,
9000 Sankt Gallen
类型：科教建筑
年代：1963

⑯ 瑞士保险公司总部
Helvetia Headquarters

建筑师：赫尔佐格与德梅隆
地址：Dufourstrasse 40,
9000 Sankt Gallen
类型：办公建筑
年代：2004

⑰ 博尔车站
Bohl Tram Shelter

建筑师：圣地亚哥·卡拉特拉瓦
地址：Bohl / Marktplatz,
9000 Sankt Gallen
类型：交通建筑
年代：1996

⑱ 圣加仑剧院
Theater St. Gallen

建筑师：Cramer-Jaray-Paillard
地址：Museumstrasse 24,
9000 Sankt Gallen
类型：观演建筑
年代：1968

圣加仑大学

五个建筑采用了统一的混凝土语汇和金属的细部，通过高差、平台、广场组成了高低有致的建筑群落和丰富的公共空间。景观设计结合了该校著名的当代艺术收藏。

瑞士保险公司总部

对原办公楼的加建，从1989年开始，分四期完成，在原办公楼的东南、东北、西北分别设置简单的几何黑色体量。极简的立面由面向不同方向的镜面玻璃单元构成，反射着花园不同方向的镜像，以像的叠加交织消解着体量并创造出独特的光影效果。

博尔车站

跨度达40米的巨大顶棚超出了其本来的功能需要。两层钢架使挑出4米的玻璃顶棚成为可能，北侧则由钢柱与地面连接，形成背面的弧线轮廓，并围合了南侧的候车广场空间。

圣加仑剧院

粗野主义的代表，位于城市文化公园中，室内与室外采用了大量外露混凝土，结合入口庭院的常青植物，外表的雕塑感形体形似Gottfried Bohm的教堂，而内部的六边形平面则受到赖特的美国风住宅的影响。

圣加仑美术馆改造

原美术馆为 Christoph Kunkler 于1877年设计,于1980年代进行改造,建筑师对原建筑的最大动作是加入两个圆形的地下多功能展览空间,并和下沉的草坡与室外相连。新入口和通往地下的坡道设于西侧,面向与历史博物馆之间的公园。

圣加仑修道院及图书馆

欧洲最重要的本笃会修道院,为一组文艺复兴式宗教建筑群,形成老城的核心,修道院教堂内布满了繁复的装饰和巨大的穹顶壁画,修道院图书馆的巴各克大厅则更加堂皇,馆藏16万册图书与2100部历史手稿,是世界上中世纪藏书最多的图书馆。

Pfalzkeller 画廊

Calatrava 被委托将 Neue Pfalz 改造为画廊空间,他设计了一个半圆的地下空间作为展览、会议、音乐会、讲座使用,并对两个70米和30米长的地下室进行改造。斜向的建筑入口采用可变的钢结构,关闭时完全隐藏于地面上,开启时则形成雕塑感的曲面入口,避免对历史建筑环境的影响。

Pfalzkeller 应急服务中心

因24小时应急的特殊功能和周边的敏感历史环境,使该建筑采用了隐藏于地下的方式,只将梭形的玻璃天窗暴露于草地和混凝土的台基上,厚7厘米、重达2吨的防护玻璃采用自承重结构,纤细的可旋转金属格栅可由电子系统控制,对室内的采光量进行调节。

城市客厅

由建筑师 Carlos Martinez 与艺术家 Pipilotti Rist 合作设计,将整个街区地面满铺红色塑胶材料,并置入巨大的街灯、柔和表面的座椅、停车场、喷泉、花瓶、台阶等等生动有趣的装置,激活了城市的公共空间,探讨着艺术介入城市的可能性。

⑨ 圣加仑美术馆改造
Kunstmuseum Sankt Gallen

建筑师 : Marcel Ferrier
地址 : Museumstrasse 32
9000 Sankt Gallen
类型 : 文化建筑
年代 : 1987

⑩ 圣加仑修道院及图书馆 ⚑
Fürstabtei Sankt Gallen/
Stiftsbibliothek

地址 : Klosterhof 6B, 9000
St. Gallen
类型 : 宗教建筑
年代 : 8 世纪
备注 : 世界文化遗产

⑪ Pfalzkeller 画廊 ⚑
Pfalzkeller Gallery

建筑师 : 圣地亚哥·卡拉特拉瓦
地址 : Klosterhof
9000 St. Gallen
类型 : 文化建筑
年代 : 1999

⑫ Pfalzkeller 应急服务中心
Pfalzkeller Emergency
Service Centre

建筑师 : 圣地亚哥·卡拉特拉瓦
地址 : Moosbruggstrasse 6
9000 Sankt Gallen
类型 : 办公建筑
年代 : 1998

⑬ 城市客厅 ⚑
City Lounge

建筑师 : Carlos Martinez,
Pipilotti Rist
地址 : Raiffeisenpl., 9001
St. Gallen
类型 : 其他
年代 : 2005

⑭ 圣加仑自然博物馆
Naturmuseum St.Gallen

建筑师：Michael Meier
Marius Hug Architekten
地址：Pappelweg 4
9016 St. Gallen
类型：文化建筑
年代：2010-2016

⑮ 比兴学校新校舍
Neubau Schulhaus
Buechen

建筑师：Angela Deuber
地址：Steigstrasse 1, 9422
Staad SG
类型：科教建筑
年代：2010 - 2013

圣加仑自然博物馆

新博物馆坐落于圣加仑的东部，作为圣玛利亚教堂和植物园的延伸，其参考了古代柱式的混凝土立面融入城市环境，五条体量的突出凹进呼应了两侧建筑，而坡屋顶的采光井单元则与教堂的外立面形成了对照，进一步通过室外公共空间整合异质的城市空间。

比兴学校新校舍

女建筑师 Angela Deuber 的代表作，建筑位于缓坡的场地上，利用外楼梯组织交通，连续的楼梯悬挑于外廊之外。倒挂的三角形混凝土立面将轻与重的关系反转，并作为结构体系，解放角部空间，与三角构成的栏杆形成了巧妙的对应。

⑯ 严实公司办公新区
Jansen Campus

建筑师：Davide Macullo Architects
地址：Industriestrasse 22
Industrie Oberriet Ost
9463 Oberriet
类型：办公建筑
年代：2012

⑰ 甘滕拜因住宅
Haus Gantenbein

建筑师：Peter Märkli
地址：Hasenbüntstrasse 11
9472 Grabs
类型：居住建筑
年代：1995
坐标：47° 11'05.4"N,
9° 26'45.1"E

严实公司办公新区

建筑位于上里特工业园区的北端。办公楼由若干个各向倾斜、大小不同的锥体组成，在整体上形成视觉的平衡感。建筑设计与建造过程中有效地利用能源，减少环境污染，提高办公环境品质，降低维护成本。

甘滕拜因住宅

Peter Märkli 在该住宅中采用了极其克制的手法，几乎毫无表情的巨大入口雨棚将建筑与周边的传统住宅区别开来，而背面首层凹进的外廊与上层体量通过轻薄的遮阳板进行完型，外廊与地面脱开，整个建筑如同在草地上漂浮起来。

100m

....

⑱ Kuehnis 住宅 ✔
Haus Kuehnis

建筑师：Peter Märkli
地址：Gamsabeta 13
9477 Trübbach
类型：居住建筑
年代：1982
坐标：47°04'28.5"N，
9°28'35.5"E

⑲ 特吕巴赫公寓 ✔
Apartments in Trübbach

建筑师：Peter Märkli
地址：Hauptstrasse 20
9477 Trübbach
类型：居住建筑
年代：1988
坐标：47°4'29.62"N，
9°28'51.63"E

Kuehnis 住宅

两个住宅相对并置，纪念性的红色立面面朝庭院，拱门、对称而陡峭的混凝土楼梯和四跨的怪异柱式、夸张的屋顶装饰、长向的落地窗等元素拼贴于一体，而另三个立面不规则的开窗和白色涂料呼应着周边的传统住宅区。看似对称的平面由于一端椭圆内室的介入而具有了方向性。

特吕巴赫公寓

由三个住宅单元组成，一端的楼梯间为无保温的裸露混凝土体，成为室外到室内的过渡空间，上小下大的玻璃窗口形成收分，一道中墙将住宅分为开放的起居区和私密的卧室、浴室与书房，木质的阳台是室内空间的延伸，胶合板在雨水冲刷中呈现耐候钢般的金属色泽，建筑师将古典的平面原则与自由的空间组成以一种低调而耐人寻味的方式结合起来。

20 萨尔甘斯集合住宅

100m

Bad Ragaz, Tamina Therme

21 塔米娜浴场

100m

萨尔甘斯集合住宅

每层的三个住宅单元因南侧立面不规则的柱廊而模糊了划分，底层为自行车库与仓库空间。立面上充满了细节：柱间的挡板逐层变化、凸起的柱头，非居中的入口，混凝土的划分，当然还有建筑师标志性的红色墙面、壁炉以及 Hans Josephsohn 的雕塑。

塔米娜浴场

浴场改造采用椭圆的母题，引入 115 根充满未来感的白色柱子和椭圆形的窗户营造室内宁静而明亮的氛围，木质结构和传统的坡屋顶则体现着毕德麦雅时代的中产阶级品位。

⑳ 萨尔甘斯集合住宅
Mehrfamilienhaus

建筑师：Peter Märkli
地址：Grossfeldstrasse 82
7320 Sargans
类型：居住建筑
年代：1986

㉑ 塔米娜浴场
Tamina Therme

建筑师：Smolenicky &
Partner Architektur
地址：Hans Albrecht-
Strasse, Bad
Ragaz, Switzerland
类型：商业建筑
年代：2009
备注：www.taminatherme.
ch

利纳美术馆／Gigon Guyer Architekten

22

（内／外）

阿彭策尔州 Appenzell

24·(内/外)阿彭策尔州

建筑数量：02

01 瑞卡度假村 / Dietrich | Untertrifaller
02 利纳美术馆 / Gigon Guyer Architekten ◎

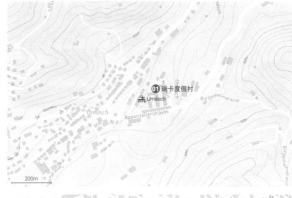

瑞卡度假村

REKA 连锁度假村之一，针对低收入人群提供度假选择，位于村庄东部的三角形场地，靠近火车站。面朝主街包含了厨房、餐厅、体育设施、幼儿园、图书馆、游泳池、动物农场等设施，三个 L 形体建筑则为两层的客房。建筑由混凝土之上的木结构组成。

利纳美术馆

"体积法"代表作。该美术馆展陈 20 世纪当代艺术作品，从南边的入口进入，展厅序列展开，房间体量不断缩小，赋予各个房间不同倾向，通过不同位置的开口进行串联，北边以阅读室和媒体室作为结束，纯白墙壁的极简室内和天窗采光突出艺术作品的庄严。

利纳美术馆平面图、剖面图

⓿1 瑞卡度假村
Reka Holiday Village

建筑师：Dietrich | Untertrifaller Architekten
地址：Appenzellerstrasse 11 9107 Urnasch
类型：商业建筑
年代：2007
备注：http://www.reka.ch

⓿2 利纳美术馆 ◔
Museum Liner

建筑师：Gigon Guyer Architekten
地址：Unterrainstrasse 5 9050 Appenzell
类型：文化建筑
年代：1998
开放时间：4 月至 10 月：周二至周五 10:00-12:00&14:00-17:00；周六至周日 11:00-17:00；11 月至 3 月：周二至周六 14:00-17:00；周日11:00-17:00
备注：http://www.h-gebertka.ch/

格劳宾登州

Graubünden

25 · 格劳宾登州

建筑数量：70

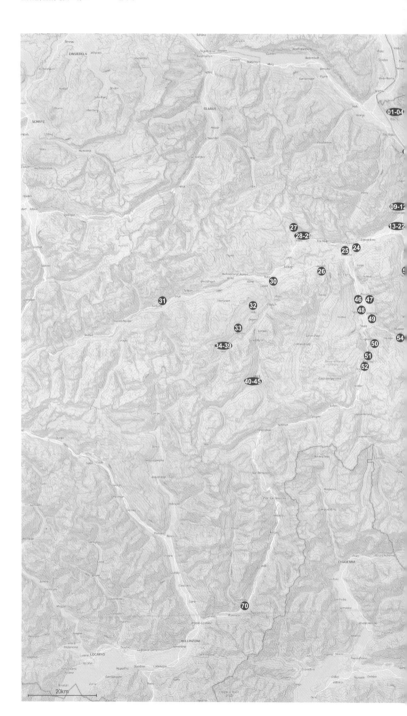

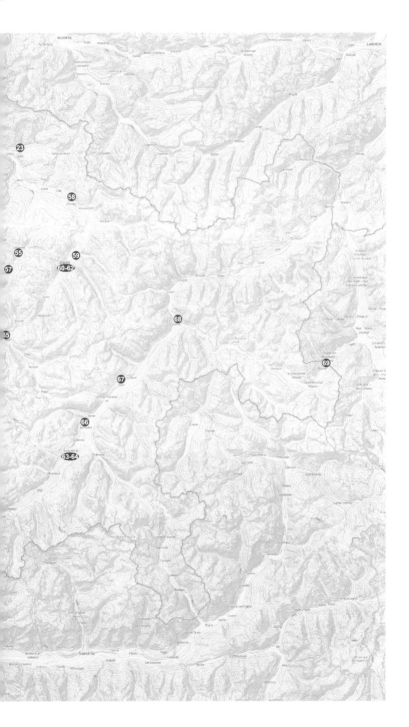

㉛ 圣卢奇斯哥餐厅
Umbau und Sanierung
Waffenplatz St.Luzisteig

建筑师：Jüngling &
Hagmann Architekten
地址：Sankt Luzisteig, 7304
Fläsch, Graubünden
类型：商业建筑
年代：2000

㉜ 梅乌利住宅
Wohnhaus Meuli

建筑师：Bearth & Deplazes
Architekten
地址：Bovelweg 25,
7306 Fläsch
类型：居住建筑
年代：2001

㉝ 葡萄酒农舍更新改造
Renovation und Anbau
Weinbauernhaus

建筑师：atelier-f
architekten
地址：Hintergasse,
7306 Fläsch
类型：居住建筑
年代：2007

㉞ Gantenbein 酒庄
Vineyard Estate
Gantenbein

建筑师：Bearth & Deplazes
Architekten
地址：Im Feld 7306 Fläsch
类型：商业建筑
年代：2007

圣卢奇斯哥餐厅

项目为 19 世纪军事工事的辅助设施，巨大的屋顶混凝土结构占据了建筑的一半空间，在内部形成的抽象结构体隐藏着一个个悬挑于对应房间的上凹空间，并以灯箱掩盖着结构的存在，从而最大程度保证了通透的视野。

梅乌利住宅

五边形的住宅位于小镇 Fläsch 的边缘，单一的混凝土体量通过倾角设计分享街道空间，半米厚的墙保留了施工的模板痕迹，并混入了保温材料。一层布置了厨房、餐厅，面向花园。

葡萄酒农舍更新改造

新建的农舍保存了原建筑，形成新与旧的并置，采用相似的平面形状，并以走廊建筑相连。设备及卫生间统一与走廊解决，使新建筑保留两层的大房间，与原建筑的小空间形成对比。深灰色的混凝土是对古老的木石结构和山石的重新阐释。

Gantenbein 酒庄

酒庄的加建建筑作为新的辅助酿酒设施，采用简单的混凝土框架结构，砌砖利用了 ETH 的机器人技术，以产生参数化的柔和渐变效果，使内部产生多变的光影效果，成为酒庄新的形象。

05 威格林住宅

06 马斯特里尔斯学校及社区中心

07 ÖKK保险公司总部办公楼

Landquart

08 Plantahof礼堂

100m

⑮ 威格林住宅
Wohnhaus Wegelin

建筑师：Bearth & Deplazes
Architekten
地址：Mostgasse 7
7208 Malans
类型：居住建筑
年代：1999

威格林住宅

住宅设计为长条形，以
保留南侧果园的空间。建
筑师挑战了规划法规，将
建筑直接布置于地块边
界。细长的窗户向莱茵
河谷敞开。

马斯特里尔斯学校及社
区中心

交舍每一层以直接的跌
落式布局回应倾斜的山
坡地形，室内以吻合坡度
的楼梯组织上下空间，使
用了纯钢筋混凝土的预
应力结构，楼板内采用
了抛物线状的拉筋，以
保证室内空间的纯粹。

⑯ 马斯特里尔斯学校
及社区中心
Mastrils School
And Community Centre

建筑师：Jüngling &
Hagmann Architekten
地址：Dalavostrasse 2
7303 Mastrils
类型：科教建筑
年代：1995

ÖKK 保险公司总部办公楼

建筑用地位于城市道路
的十字路口，通过两个
机构的方形体量组合而
成，在道路转角处退让
形成人口广场，亦为城
市提供开放空间。建筑
高五层，采用拱形结构
作为支撑体系，内外两
层结构呈嵌套模式，将
建筑空间划分为办公区
域与内庭区域，并在中
庭上方开设天窗，将自
然光引入室内，营造温
馨静谧的办公环境。

⑰ ÖKK 保险公司总部办公楼
ÖKK Hauptsitz

建筑师：Bearth & Deplazes
Architekten
地址：Bahnhofstrasse 13
7302 Landquart
类型：办公建筑
年代：2012

Plantahof 礼堂

礼堂的立面定义了校园
中的中心广场，一根斜
柱穿过礼堂，与一根大
梁支撑单坡屋顶下帐篷
形的空间，成为极简结
构中最鲜明的元素，传
达抽象而批判性的空
间概念。礼堂可容纳
130～180 人的多功能使
用。

⑱ Plantahof 礼堂 ⊙
Plantahof Auditorium

建筑师：Valerio Olgiati
地址：Plantahof 1
7302 Landquart
类型：观演建筑
年代：2008

Plantahof 礼堂剖面图

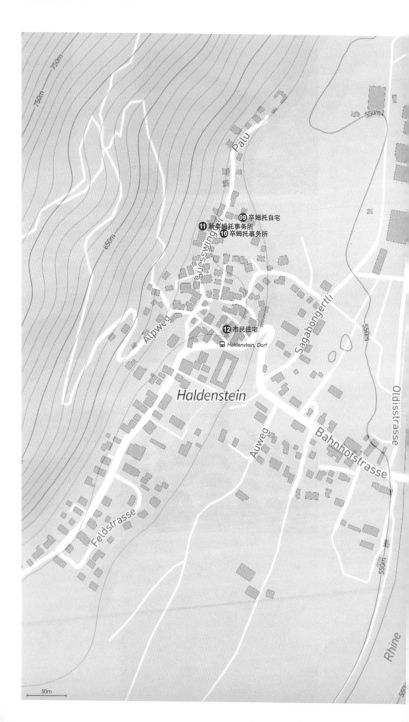

卒姆托自宅

弯低两个体量组成 h 形的空间结构，围合出小径蜿蜒落英缤纷的花园，大量使用混凝土和玻璃，面向花园的工作室高达两层楼营造沉浸式的空间氛围。这一个性化的建筑语言与小镇的乡土建筑形成鲜明的对照，而由于其隐蔽的位置，而形成内向性的空间。

卒姆托自宅平面图

卒姆托事务所

工作室一期建筑立面由切割成窄长的松木条以竖向覆盖，木材经年的冲刷呈现着历史的痕迹。北侧的入口，狭高的交通空间，极窄的长窗、西面的方窗与南侧开敞的工作室与下沉庭院形成强烈对比。庭院成为员工休息活动的场所。

新卒姆托事务所

四层的工作室二期建筑采用了更加轻巧简洁的结构，通体木框架以宽大的落地玻璃形成开放而通透的空间，建筑背向山坡，面向高出路面的前院。展现出了精巧高超的细节与建造水平。

市民住宅

这座集合住宅位于小镇中心，为不同家庭类型的混合式住宅。Sik 以类比建筑学的陌生化设计方法，M 型的坡屋顶如同将建筑分为两栋建筑，将体量缩小为乡村尺度。立面的开窗充满了多变的表情，回应着周围微妙的环境变化。

⑨ 卒姆托自宅 ✓
Haus Zumthor

建筑师：彼得·卒姆托
地址：Under Bongert 1
7023 Haldenstein
类型：居住建筑
年代：2005

⑩ 卒姆托事务所
Atelier Zumthor

建筑师：彼得·卒姆托
地址：Suesswinggel 20
7023 Haldenstein
类型：办公建筑
年代：1986

⑪ 新卒姆托事务所
New Atelier Zumthor

建筑师：彼得·卒姆托
地址：Süesswinggel 23
7023 Haldenstein
类型：办公建筑
年代：2016

⑫ 市民住宅 ✓
Bürgerhaus

建筑师：Miroslav Šik
地址：Calandagass 4
7023 Haldenstein
类型：居住建筑
年代：2008

- ⑬ 养老公寓
- ⑭ 圣十字教堂
- ⑮ 格劳宾登医院
- ⑯ Ottoplatz办公楼
- ⑲ 罗曼什语广播电视台
- ⑱ 格劳宾登议会大楼入口
- ⑰ 格劳宾登美术馆
- ⑳ Giger酒吧
- ㉑ 罗马考古遗址庇护所
- ㉒ 库尔生物科学中心

200m

⑬ 养老公寓 ✔
Wohnungen für Betagte

建筑师：彼得·卒姆托
地址：Cadonaustrasse 69
7000 Chur
类型：居住建筑
年代：1993

养老公寓

位于库尔北部养老公寓区的草坡上，24套公寓线性排列，西侧面向景观，东侧室内的宽大走廊形成日常生活的公共广场，房间单元的厨房与卫生间设计为矩形的"房间中的房间"面向走廊，木制的单元和暖色的石材营造出了细腻而宁静的空间氛围。

养老公寓平面图

⑭ 圣十字教堂 ✔
Heilig Kreuz Kirche

建筑师：Walter Förderer
地址：Masanserstrasse 161
7000 Chur
类型：宗教建筑
年代：1969

⑮ 格劳宾登医院
Cantonal And Regional
Hospital

建筑师：Silvia Gmür Reto
Gmür Architekten
地址：Loestrasse 170
7000 Chur
类型：医疗建筑
年代：2000

⑯ Ottoplatz 办公楼
Ottoplatz Gebäude

建筑师：Jüngling &
Hagmann Architekten
地址：Hartbertstrasse 10,
7000 Chur
类型：办公建筑
年代：1998

⑰ 格劳宾登美术馆
Bündner Kunstmuseum

建筑师：彼得·卒姆托
地址：Bahnhofstrasse 35,
7000 Chur
类型：文化建筑
年代：1990
备注：buendner-kunstmus-
eum.ch

圣十字教堂

Walter Förderer 的代表作，多变弹性的混凝土体块通过入口广场、钟塔、空廊和庭院的组织，将人引入空间序列的高潮：礼拜堂，平面采用非对称的布局层次累叠的混凝土结构不断向上，引入天光，象征着天国的神圣感。木材的使用中和了混凝土的清冷。

格劳宾登医院

G. Brun and R. Gaberel (1934 ~ 1941) 的一期建筑经过多次加建、组成环形的布局，最新的扩建采用清晰的逻辑连接新旧建筑，并以综合公共区域私密区的空间概念，使内部走廊成为"街道"空间。

Ottoplatz 办公楼

采用剪力墙结构，结构设计师康策特在上三层以斜向拉筋连接棋盘形的墙体，形成高三层的空间桁架，解放了首层的无柱大空间，面向社区，实现空间与结构的清晰对应。

格劳宾登美术馆

针对两个原博物馆的改造包括门厅、咖啡厅、连桥和地下画廊。连桥因两侧标高差呈坡道形，由木结构与玻璃建造，全部木材涂以银色，呈现出金属框架的特征。这一精细而清晰的结构与厚重的历史建筑形成鲜明的对话。

⑱ **格劳宾登议会大楼入口**
Entrance Of The
Graubünden
Parliament

建筑师：Valerio Olgiati
地址：Masanserstrasse 1
7001 Chur
类型：办公建筑
年代：2009

⑲ **罗曼什语广播电视台**
CHASA RTR

建筑师：Staufer & Hasler
Architekten
地址：Masanserstrasse 2
7002 Chur
类型：办公建筑
年代：2006

⑳ **Giger 酒吧**
Giger Bar

建筑师：H.R. Giger
地址：Comercialstrasse
23, Chur
类型：商业建筑
年代：1992

㉑ **罗马考古遗址庇护所** ✔
Schutzbauten für
Ausgrabung römischer
Funde

建筑师：彼得·卒姆托
地址：Seilerbahnweg 17
7000 Chur
类型：文化建筑
年代：1986
备注：需到火车站地下一层的
旅游信息处取入口钥匙

㉒ **库尔生物科学中心**
Lehrerseminar in Chur
Trakt
für Naturwissenschaften

建筑师：Bearth & Deplazes
Architekten
地址：Münzweg 11
7000 Chur
类型：科教建筑
年代：2000

格劳宾登议会大楼入口

新入口和坡道采用了白色混凝土的极少主义造型，深远的悬挑与原建筑脱开，仅由中央的曲线形体量与一根侧柱支撑，弧墙斜向以一点接触地面，挑战着重力，以符号化的形式展开入口的表情。

罗曼什语广播电视台

建筑面向广场，为使其尽可能向城市开放，首层以上的五层楼被设计为预应力的整体空腹桁架，保证开窗面积，仅由首层五个混凝土基座支撑，形成架空的入口空间。

Giger 酒吧

酒吧室内由电影《异形》设计师 H.R. Giger 设计，包括大门、天花板、座椅、桌子、台灯等细节都以生物未来主义的风格，如同身在太空世界。

罗马考古遗址庇护所

三个木结构体量坐落于原罗马考古遗址上，入口脱离地面，以一座钢桥连接其三个展览空间。不规则的平面与清晰的结构支撑起顶部如采光器的天光。顶部轻盈的木条格栅立面如过滤器般将自然山色漫射入室内，模糊了室内与室外的区分，使历史记忆与光影、声音、知觉相通。

罗马考古遗址庇护所平面图、剖面图

库尔生物科学中心

黑白相间的窗框、转角的连续使这个玻璃盒子呈现为空间中的特殊物体，清晰的空间结构满足了实验室的功能需要，最大程度使实验室空间对外实现开放。

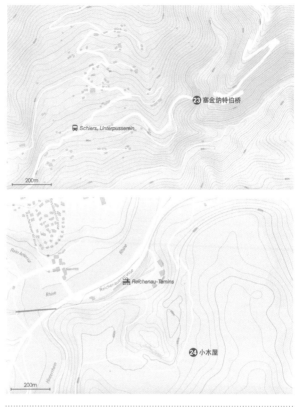

㉓ 塞金纳特伯桥 ✓
Salginatobel Bridge

建筑师：Robert Maillart
地址：Crausch, 7220
Schiers
类型：交通建筑
年代：1930

㉔ 小木屋
Waldhuette

建筑师：Gion A.
Caminadas
地址：Domat/Ems
类型：科教建筑
年代：2013
坐标：46° 49'14.73"N,
9° 25'5.59"E

塞金纳特伯桥

这座钢筋混凝土拱桥将深山中的村庄与外界相连，全长133米，跨度90米，宽3.5米，距河谷底部高达90米。建造于1929年，仅由6名工人用时3个月，其在有限预算下的创新设计和壮丽自然中的优雅造型使其成为工程史上的重要一页。

小木屋

小木屋服务于多种功能：林业学校、培训以及社区活动中心，室内外建造全部采用农历月份砍伐的木材，微微翘起的屋顶和木片的立面指涉着当地的木建筑建造传统，融合于森林的环境之中。

㉕ 博纳杜茨太平间
Neubau Aufbahrungshalle
Bonaduz

建筑师 : Rudolf Fontana
地址 : Via Sogn
Gieri, Bonaduz
类型 : 宗教建筑
年代 : 1993

㉖ Gugalun 住宅
Gugalun House

建筑师 : 彼得・卒姆托
地址 : Gugalun 181
7104 Versam
类型 : 居住建筑
年代 : 1994
坐标 : 46°47'08"N, 9°20'24"E

博纳杜茨太平间

整个礼拜堂空间埋于教堂一侧的山丘中，密植着各类草木，入口位于教堂大门一侧，面向墓地前的入口庭院，一条甬道通向土地深处的礼拜堂。建筑采用简朴的语言，仅于山丘顶部突出椭圆的采光天窗，将自然光漫射于白色的礼拜堂中。

Gugalun 住宅

在山林之中，卒姆托以微妙的手法对原木屋进行加建，统一于一个铜屋顶下。新建建筑包括现代化的厨房、浴室以及两个房间，以横向细腻的木构造嵌入山坡之中。新与旧并置于自然洗礼之中，呈现时间的痕迹。

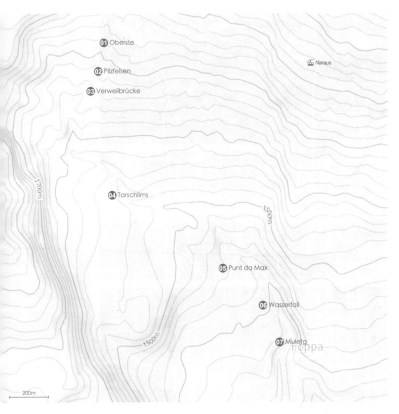

㉗ 七桥
Trutg dil Flem

建筑师：Conzett Bronzini
Partner
地址：Flims
类型：交通建筑
年代：2013
备注：http://www.trutg-
dil-flem.ch/

康策特沿 Flem 河的远足路
线设计了 7 座气质迥异的步
行桥，采用不同建造工艺，将
美学、建构与自然景观相结
合。从上至下：
① Oberste
② Pilzfelsen
③ Verweilbrücke
④ Tarschlims
⑤ Punt da Max
⑥ Wasserfall
⑦ Muletg

黄房子

奥加提保留了原建筑的厚重外墙和深窗洞，涂为白色。将内部改造为展览空间，他以一颗偏心中柱与十字大梁将各层分为 4 个象限，各个空间顶棚以不同方向的构成定义，通过将结构显现的态度以全新的方式呈现空间。

奥加提工作室

工作室设计既指涉当地传统建筑，同时激进地进行区别。建筑尺度屋顶与比例参照了原址的仓廪，底层完全架空。木结构屋顶置于混凝土板之上，由居中的混凝土柱支撑，从而解放了四个角。

Willimann–Lötscher 住宅

塔形的住宅位于斜坡上，位于正中的楼梯间连接每一个房间，使房间成为楼梯的平台，每个房间拥有不同标高的景观视野。取消了楼层而使螺旋的空间产生"内部地形"。建造使用了预制的木框架与标准构件。

㉘ 黄房子
Das Delbe Haus

建筑师：Valerio Olgiati
地址：Via Nova 60, 7017 Flims
类型：文化建筑
年代：1999
备注：dasgelbehausflims.ch

㉙ 奥加提工作室
Studio Olgiati

建筑师：Valerio Olgiati
地址：Via Stretga 1
7017 Flims
类型：办公建筑
年代：2008

㉚ Willimann-Lötscher 住宅
Willimann-Lötscher House

建筑师：Bearth & Deplazes Architekten
地址：Fir, Sevgein
类型：居住建筑
年代：1999

200m

㉛ 圣本尼迪特格教堂 ◎
Caplutta Sogn
Benedetg

建筑师:彼得·卒姆托
地址:Caplutta Sogn
Benedetg
Sumvitg
类型:宗教建筑
年代:1988

水滴形教堂在斜坡上围
合出内向封闭的冥想空
间,环绕的天窗使屋顶
如同漂浮起来,斜向的
小入口乃至混凝土的台
阶细节经过精心的设
计,室内木地板的声
响,木材的气息,时时
变换的光影以及颜色渐
变的小木瓦立面激发着
多种感官的参与,使一
种深刻的空间体验成为
可能。

*圣本尼迪格教堂平面图、
剖面图*

㉜ 韦拉学校及多功能厅
School and multipurpose
hall

建筑师：Bearth + Deplazes
Architekten
地址：Sut Vitg
45, Vella, Switzerland
类型：科教建筑
年代：1997

㉝ 基督塔宅
Wohnturm Chisti

建筑师：彼得·卒姆托
地址：Maus 26, 7148
Lumnezia
类型：居住建筑
年代：1970

韦拉学校及多功能厅

学校的教学楼、社区中心、多功能大厅功能分散于 4 个矩形体量，并于地下进行连通，四个体量分别面向不同方向，围合出中心的活动平台。朴素的建筑形式回应着当地材料、地形和建造工艺。

基督塔宅

主宅塔楼原建于 1316年，被北侧的防护墙保护着，坡顶面向南侧，中世纪为领主的住宅，卒姆托的改造中保留了室内的木梁顶棚和铸铁构件，并加入了大量圆形语汇的家具和空间。

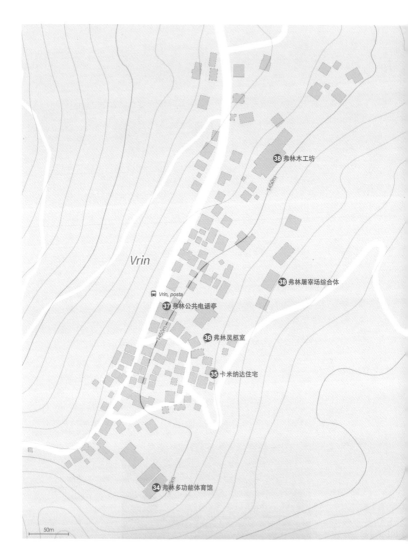

弗林木工坊 ③⑧

Vrin

③⑧ 弗林屠宰场综合体

Vrin, posta

③⑦ 弗林公共电话亭

③⑥ 弗林灵柩室

③⑤ 卡米纳达住宅

③④ 弗林多功能体育馆

50m

---

③④ 弗林多功能体育馆 ◎
Mehrzweckhalle

建筑师：Gion A.
Caminada
地址：Plaz Scola 80A-B
7149 Lumnezia
类型：体育建筑
年代：2005

弗林多功能体育馆

弗林目前体量最大的单
体建筑，位于村庄南侧
的山坡上，面向山谷
景观，室内木结构与
Conzett 合作，设计出反
弓形的桁架结构和巴伐
利亚夹件构造，以满足
大跨度空间的需求。

㉟ 卡米纳达住宅
Haus Caminada

建筑师：Gion A. Caminada
地址：Giudemvitg 57
7149 Lumnezia
类型：居住建筑
年代：1987

卡米纳达住宅

Caminada 在弗林的多个木结构住宅之一，探索当地传统的井干式木结构 "Strickbau" 工艺，将保温层置于层压木墙中间，使结构与维护体系合二为一，解放了室内空间，并对各类木结构转角作出新的探索。

㊱ 弗林灵柩室 ♥
Totenstube

建筑师：Gion A. Caminada
地址：Plaz Cadruvi 49
7149 Lumnezia
类型：宗教建筑
年代：8 世纪
备注：世界文化遗产

弗林灵柩室

灵柩室位于教堂的一侧坡地上，木材立面被涂成白色，呼应教堂，木材接头细部采用了简洁现代的处理，室内由蜜蜡润色，呈现温暖的氛围。窗台利用了墙体空间，采用凹凸窗的做法。

㊲ 弗林公共电话亭
Telefonkabine

建筑师：Gion A. Caminada
地址：Plaz Posta 45
7149 Lumnezia
类型：商业建筑
年代：1999

弗林公共电话亭

Caminada 进行弗林更新的第一个项目，将其置于村邮局一侧，采用传统的井干式结构，将矩形的木材模块堆叠而成，并放置于混凝土的基座之上，避免了现代电话亭对传统乡土风貌的破坏。

㊳ 弗林屠宰场综合体
Stallgruppe mit Metzgerei

建筑师：Gion A. Caminada
地址：Sut Vitg 51C
7149 Lumnezia
类型：商业建筑
年代：1998

弗林屠宰场综合体

三座建筑分别为两座谷仓和一座屠宰场，屋顶向山谷方向倾斜以消解体量对景观的压迫感。底层的储藏空间为混凝土结构，上部则为木结构的风干空间。立面木结构单元的编制效果产生了丰富的韵律。

㊴ 弗林木工坊
Schreinerei Anbau

建筑师：Gion A. Caminada
地址：Furnagl 27E
7149 Lumnezia
类型：科教建筑
年代：2005

弗林木工坊

木工坊对当地的农业经济进行重构，为当地的木匠提供新的就业机会，并整合到整个弗林以经济模式为核心的更新改造中。长向的建筑满足了木材加工的需要，架空的底层为储藏空间。

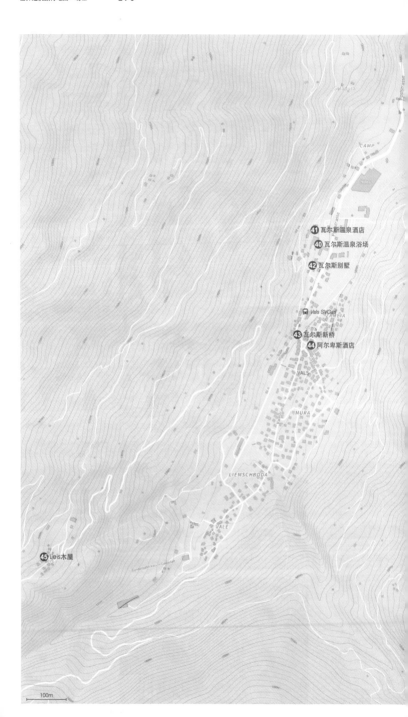

41 瓦尔斯温泉酒店
40 瓦尔斯温泉浴场
42 瓦尔斯别墅

Vals SVGall

43 瓦尔斯新桥
44 阿尔卑斯酒店

VALS

MURA

LIEMSCHBODA

VALE

45 Leis木屋

100m

③⓪ 瓦尔斯温泉浴场 ⊘
Therme Vals

建筑师 : 彼得 · 卒姆托
地址 : Hotel Therme
7132 Vals
类型 : 商业建筑
年代 : 1996
备注 : http://7132.com/en

瓦尔斯温泉浴场

格劳宾登州唯一的地热温泉，全建筑采用 60000 片当地出产的片麻岩，植草屋面与节制的体量如同嵌入自然之中。若干悬挑的结构单元间天光沿缝隙倾泻而下，营造出远古洞穴般的空间氛围，为解决各种不同温度的水温要求，结构采用独创的浇筑方式，被称为"瓦尔斯构造"，不同特质的腔体空间提供了室内外多元的空间体验，成为远离喧嚣、启迪身心的冥想空间。

瓦尔斯温泉浴场平面图、剖面图

瓦尔斯温泉酒店

弧形的酒店位于浴场上方，背靠山坡，改造后成为五星级的设计酒店，汇集了卒姆托、安藤忠雄、隈研吾、汤姆·梅恩设计的客房。

瓦尔斯别墅

紧邻瓦尔斯温泉浴场，位于浴场的南侧，建筑嵌入大地景观之中，与地形融为一体，向东开敞，拥有良好的视野。通过地下廊道和原有建筑相通。下沉的圆形庭院成为家宅的中心。

③① 瓦尔斯温泉酒店
7132 Hotel

建筑师 : 彼得 · 卒姆托
地址 : Hotel Therme
7132 Vals
类型 : 商业建筑
年代 : 2007

③② 瓦尔斯别墅
Villa Vals

建筑师 : SeARCH & CMA
地址 : Rota Herd 503-510
7132 Vals
类型 : 居住建筑
年代 : 2009

㊸ 瓦尔斯新桥 ⊙
Dorfbrücke Vals

建筑师：Conzett Bronzini
Partner
地址：Valléestrasse
7132 Vals
类型：交通建筑
年代：2010

㊹ 阿尔卑斯酒店
Hotel Alpina

建筑师：Gion A.
Caminada
地址：Dorfplatz, 7132 Vals
类型：商业建筑
年代：2006

㊺ Leis 木屋 ⊙
Holzhäuser in Leis

建筑师：彼得·卒姆托
地址：Leis 214B
7132 Vals
类型：居住建筑
年代：2009

瓦尔斯新桥

针对洪水设计的新桥成为进入小镇中心的入口，康策特采用瓦尔斯片麻岩，并将拱结构上翻为护栏，片麻岩间的压力形成稳定的拱结构，吊起混凝土桥面。巧妙地解决了桥下的空间与桥上的形式关系。拱体超出了视线，产生了新的过桥体验。

阿尔卑斯酒店

这座家庭式酒店位于村落中心广场，Caminada在室内改造中使用了当地的材料如橡木、落叶松、片麻岩等。营造出温暖而典雅的客房空间。

Leis 木屋

三座木屋采用了同样的Strickbau 井干结构，并进行了大胆的革新，建筑利用四个角部的功能用房作为结构支撑体，从而尽可能解放了其中的空间，使大面积开窗成为可能，墙体的出头也超越了传统木构造建筑的形态交接，传达出建造的逻辑。

圣臬玻穆礼拜堂

以同样大小体量建于原礼拜堂遗址上，基地位于面向公路的山坡之巅，俯瞰着远处山景，与周围树木相互照应。建筑采用素混凝土以及抽象的建筑形式，去除一切附着设计，凝聚着地点的历史记忆。

圣臬玻穆礼拜堂剖面图、平面图

帕斯佩尔斯中学

校舍的形态与坡地相呼应，立面开窗对应着室内风车形的不规则平面，使每个教室带有微妙的方向感。三层平面对二层平面进行了90度旋转。教室内木材的包裹与混凝土的走廊形成暖与冷的对比。内墙与楼板形成整体结构，并与外墙进行连接。

㊻ 圣臬玻穆礼拜堂 ⊘
Kapelle St. Nepomuk

建筑师：Rudolf Fontana,
Christian Kerez
地址：Hauptstrasse 181,
7408 Realta
类型：宗教建筑
年代：1994

㊼ 帕斯佩尔斯中学
Oberstufenschulhaus
Paspels

建筑师：Valerio Olgiati
地址：Alte
Domleschgergasse 95
7417 Paspels
类型：科教建筑
年代：1998
备注：不对公众开放，
http://www.
oberstufepaspels.ch/

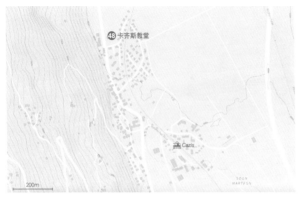

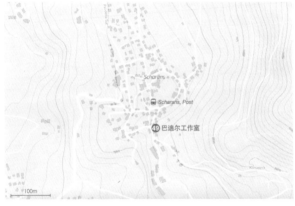

㊽ 卡齐斯教堂
Steinkirche Cazis

建筑师：Werner Schmidt
地址：Pitgongastrasse,
7408 Cazis
类型：宗教建筑
年代：1997

㊾ 巴迪尔工作室 ◀
Atelier Bardill

建筑师：Valerio Olgiati
地址：Fravgia 10
7412 Scharans
类型：居住建筑
年代：2007

卡齐斯教堂

教堂由两部分组成，礼拜堂为三个互相嵌入的球体组成，采用喷射混凝土建造，三个巨大的切口引入天光，并面向不同的景观。另一个部分为玻璃包裹的长条形木结构，为教堂的交通与附属空间。

巴迪尔工作室

红色混凝土的山墙呼应着周边的当地木屋，同时围合出了内向的庭院，然而建筑并未采用坡屋顶，庭院上方的圆形洞口定义着室内廊与四时光影，工作室巨大的玻璃门面向庭院成为宁静的冥想空间，墙上的洞口联系着街道。立面浮雕的花朵图案进一步加强了建筑的间离感。

巴迪尔工作室平面图

枕木峡步行桥

步行桥横跨高地落差的河谷两岸，以向上攀登的方式增加了仪式感，结构采用了双弦悬索结构，呈现出优雅的几何形式。两侧用于增强稳定性的四品木梁加宽了桥的外缘，也增强了渡桥者心理的安全感。

枕木峡步行桥剖面图

Suransuns 步行桥

跨度 40 米，6 厘米厚度的钢悬索桥，采用预应力的两条钢板，将作为桥面的石块拉紧，连接销升高作为扶手。石块间加入 3mm 厚的铝片作为缝隙。简洁的曲线和细节与粗犷险要的河谷相得益彰。

⑤⓪ 枕木峡步行桥 ⊘
Zweiter Traversiner Steg

建筑师：Conzett Bronzini Partner
地址：Rongellen
类型：交通建筑
年代：2005
坐标：46° 40'23.3"N,
9° 27'10.6"E

⑤① Suransuns 步行桥 ⊘
Pùnt da Suransuns

建筑师：Conzett Bronzini Partner
地址：Viamala
7432 Zillis
类型：交通建筑
年代：1999
坐标：46° 39'27.6"N,
9° 26'59.6"E

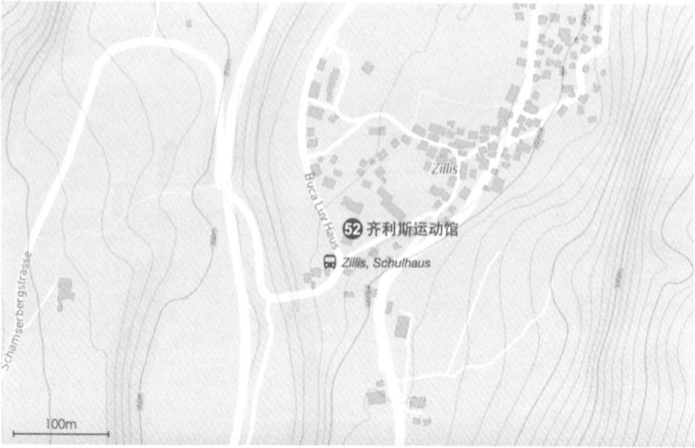

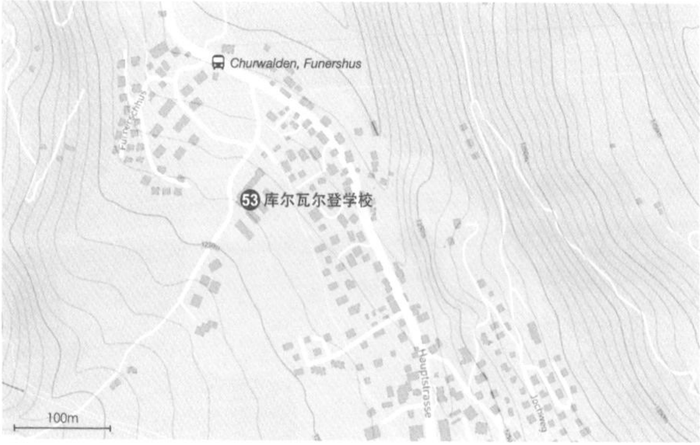

(52) 齐利斯运动馆
Zillis Sports Hall

建筑师：Bearth & Deplazes Architekten
地址：Schulhaus, Zillis
类型：体育建筑
年代：1999

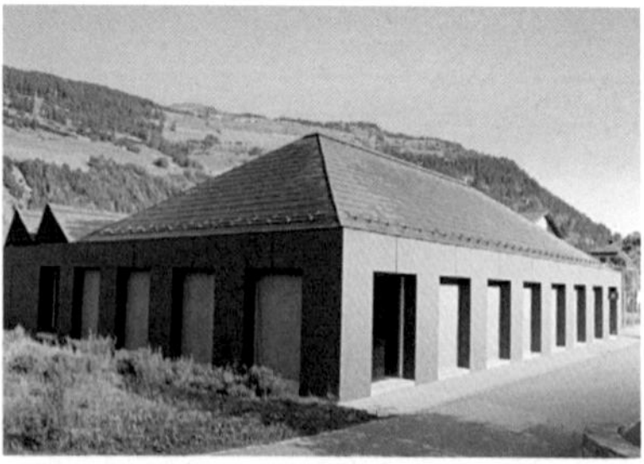

(53) 库尔瓦尔登学校
Kreisschule (Schulhaus) der Gemeinde Churwalden

建筑师：彼得·卒姆托
地址：Witiwäg 19 7075 Churwalden
类型：科教建筑
年代：1982

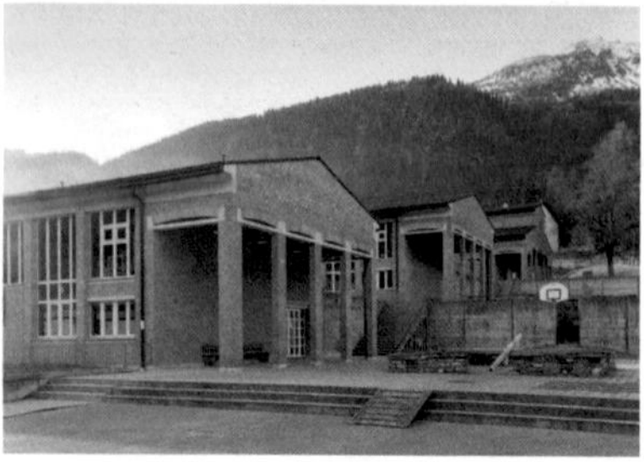

齐利斯运动馆

三条线性空间并列排列：下沉式体育馆、入口空间、辅助用房，地面层的窗户实际为地下层体育场的天窗，成为“考古现场”般的空间，覆盖白色木材的室内与室外进行了反转。

库尔瓦尔登学校

卒姆托早期作品，三个单体建筑沿山坡排列，包括两个教学楼及一个体育馆，采用混凝土砖材料，教学楼采用了两层的教室单元，布置分别的楼梯，并与二层的庭院连接。而体育馆采用了如同教堂的立面，木结构的桁架支撑屋面并引入天光。庭院与一侧的柱廊空间将三个建筑连接在一起。

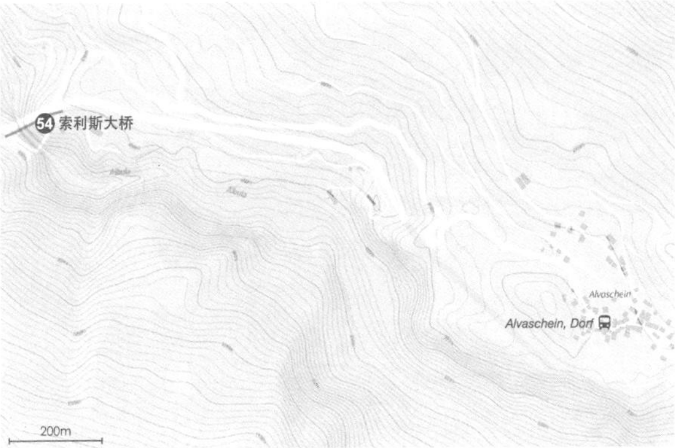

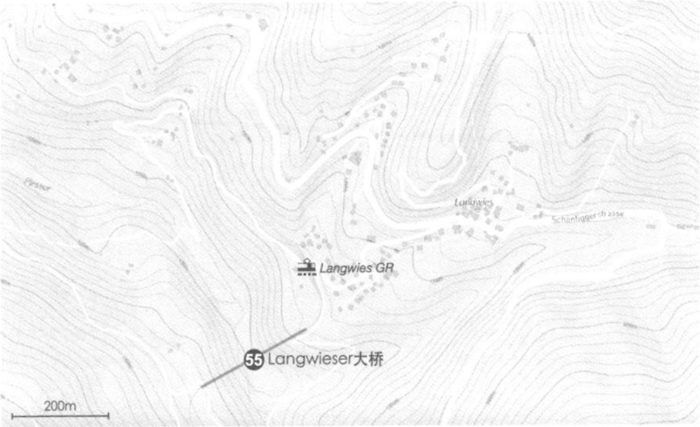

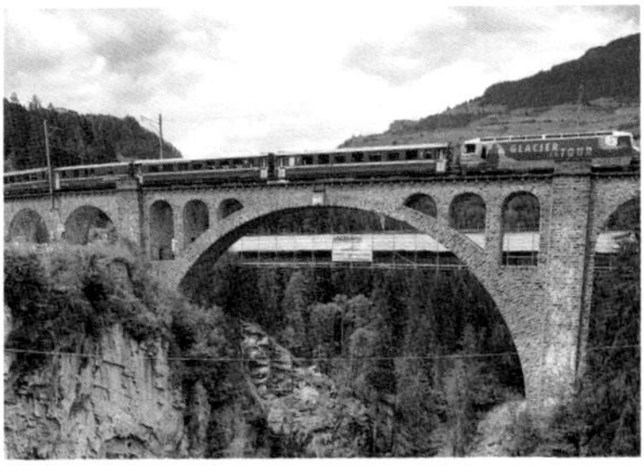

(54) 索利斯大桥
Solis Viaduct

建筑师：Hans Studer
地址：Solis, Switzerland
类型：交通建筑
年代：1902
坐标:46° 40'45''N, 9° 31'49''E

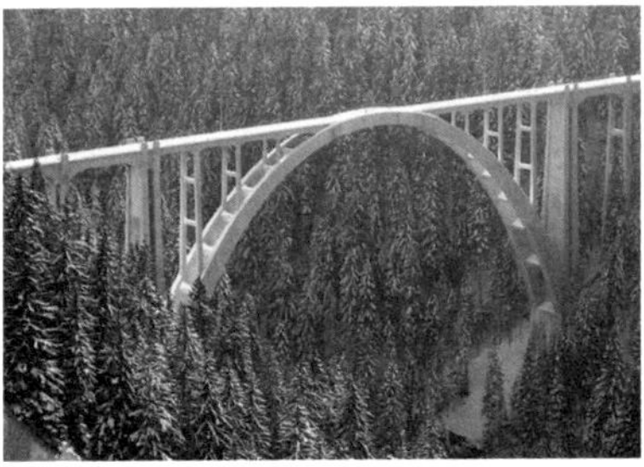

(55) Langwieser 大桥
Langwieser Viaduct

建筑师：Hermann Schürch
地址：Langwies, Switzerland
类型：交通建筑
年代：1914
坐标：46° 49'03''N, 09° 42'18''E

索利斯大桥

世界文化遗产阿尔布拉铁路最高的一部分，石灰岩建造的单轨拱桥，共有 11 个拱，89 米高，164 米长，主跨为 42 米宽。是瑞士第一个根据弹性原理设计的石拱桥，抛物线设计保证其结构的轻薄。

Langwieser 大桥

钢筋混凝土单轨桥，通长 284 米，高 62 米，主跨 100 米，是世界第一座钢筋混凝土建造的铁路桥，采用了突破性的建造技术。

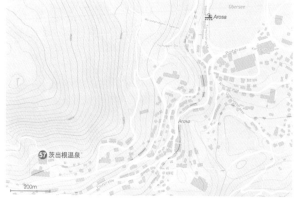

....

⑤⑥ Carmenna 缆车站
Skilift Carmenna

建筑师：Bearth & Deplazes
Architekten
地址：Carmenna
7050 Arosa
类型：交通建筑
年代：2001

⑤⑦ 茨出根温泉
Tschuggen Bergoase

建筑师：马里奥·博塔
地址：Sonnenbergstrasse
1 7050 Arosa
类型：商业建筑
年代：2006

Carmenna 缆车站

沿缆车线设计了三个缆车站：山脚、山腰及山顶，并分别采用了对应的设计策略，全部采用了多角形造型，以轻质的金属、塑料材料及木材作为材料，冬季覆盖于白雪之下，夏季则融合于自然景观之中。

茨出根温泉

建筑位于海拔 1800 米的深山之中，为四层建筑，室内墙体覆盖阿罗萨花岗岩，屋顶设置 9 个标志性的"光树"，以帆形结构引入自然光，而在夜间则成为发光的灯塔。博塔以修道院作为概念，试图将温泉浴池营造为神圣的场所。

Sunniberg 大桥

Christian Menn 的代表作，以其创新的结构及优美造型而著称。为曲线形的斜拉公路桥，总长 526 米，宽 12.378 米，由四个 H 型高塔支撑，形成上宽下窄的优雅曲线，并以悬索与桥面相连。

达沃斯洲际酒店

位于达沃斯北部郊区的五星级奢侈酒店，因其标志性的造型和色彩被称为"金蛋"。40 米高的建筑共有 216 个客房，金属立面使用共超过 62000 个各不相同的单元。

58 Sunniberg 大桥
　Sunnibergbrücke

建筑师：Christian Menn
地址：Klosters-Serneus
类型：交通建筑
年代：1998

59 达沃斯洲际酒店
　Hotel Inter Continental
　"Stilli-Park"

建筑师：Matteo Thun
地址：Baslerstrasse 9, 7260
Davos Dorf
类型：商业建筑
年代：2013

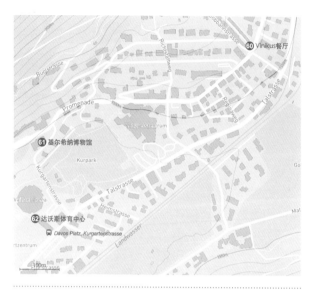

⑥⓪ Vinikus 餐厅
Restaurant Vinikus

建筑师：Gigon Guyer Architekten
地址：Promenade 119, Davos
类型：商业建筑
年代：1992

⑥① 基尔希纳博物馆 ❍
Kirchner Museum

建筑师：Gigon Guyer Architekten
地址：Ernst Ludwig Kirchner Platz 1 7270 Davos
类型：文化建筑
年代：1992

⑥② 达沃斯体育中心
Sportzentrum

建筑师：Gigon Guyer Architekten
地址：Talstrasse 41, Davos
类型：体育建筑
年代：1996

Vinikus 餐厅

该餐厅作为达沃斯中心的工业地块更新的一部分，位于锐角的街角。屋顶进行重建，以符合三角形的就餐区以及长方形的辅助用房的需要。室内全部采用木材，营造亲切的氛围。

基尔希纳博物馆

Gigon & Guyer 第一个重要项目。收藏德国表现主义艺术家 Ernst Ludwig Kirchner 作品，空间由低矮的公共区连接高低不一的四个体量进行空间构成，融入山区的景观，立面采用透明及半透明的材料，自然光透过展厅上方的采光结构漫射入展厅，并通过感光仪器进行自动控制。

基尔希纳博物馆剖面图、平面图

达沃斯体育中心

坐落于达沃斯市中心，综合了体育馆、住宿、办公、医疗、餐厅为一体，室内采用鲜艳的色彩进行导向，混凝土结构外关两层木立面，二层的阳光平台面向运动场。

64 未来屋舍

63 圣莫里茨温泉中心

200m

. . . .

63 圣莫里茨温泉中心
Pool, Spa & Sports
Centre Ovaverva,
St.moritz

建筑师：Bearth & Deplazes
Architekten
地址：Via Mezdi 17, 7500 St.
Moritz
类型：商业建筑
年代：2014

圣莫里茨温泉中心

白色方形的屋顶下采用匀质的柱阵，统合多种类型的室内外泳池、健身中心、室外体育场以及餐厅，融合于圣莫里茨的雪山景观中。

未来屋舍

采用了参数化的设计工具及传统的建造工艺，新颖的曲线造型以传统的木材覆盖，建筑包括三层的公寓和两层地下停车。建筑坐落于陡坡上，俯瞰湖景。泡形的形式使南侧的阳台向景观开放。

64 未来屋舍
Chesa Futura

建筑师：Foster & Partners
地址：Via Tinus 25
7500 St. Moritz
类型：商业建筑
年代：2004

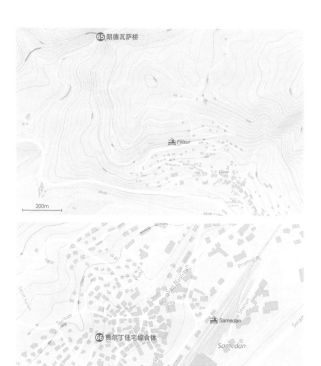

200m

100m

⑥ 朗德瓦萨桥
　　Landwasser Viaduct

建筑师：Alexander Acatos
地址：Schmitten and Filisu
类型：交通建筑
年代：1902
坐标：46° 40'51''N, 9° 40'33''E

朗德瓦萨桥

为雷蒂亚铁路上的一段
单轨铁路高架桥，高 65
米，长 136 米，以 5 个
高柱支撑，全部以暗色
石灰岩建造。

⑥ 贾尔丁住宅综合体
　　Giardin Housing Complex

建筑师：Lazzarini
Architekten
地址：Buegl da la Nina
19, Samedan
类型：居住建筑
年代：2007

贾尔丁住宅综合体

住宅位于小镇边界，针
对斜坡地形采用阶梯式
布局，三个平行的平台
上分别布置着四边形的
住宅塔楼，不对称的窗
口构成及平面指涉传统
民居，以层压混凝土建
造，形成不同的颜色层
次，与当地石材相呼应。

卡斯特尔酒店

酒店选址提供面向山谷的壮观景色，包括14个豪华客房，新建酒店采用通透的不规则建筑形式，呼应山地景观，并与厚重的历史酒店建筑形成对比。

国家公园游客中心

两个方形体量交叠成折角平面，交界处采用双楼梯构成了建筑的异质中心，扰乱了空间的认知，并完成了整个展览空间的连续流线。外立面为纯粹的三层混凝土体量，微妙的挑出暗示着建造的逻辑。

国家公园游客中心平面图

㊲ 卡斯特尔酒店
Hotel Castell

建筑师：UNStudio
地址：Via Castell 300,
7524 Zuoz
类型：商业建筑
年代：2004
坐标：http://www.
hotelcastell.ch/

㊳ 国家公园游客中心
Nationalparkhaus
Informationszentrum

建筑师：Valerio Olgiati
地址：Via d'Urtatsch 2,
7530 Zernez
类型：文化建筑
年代：2008
备注：engadin.stmoritz.ch

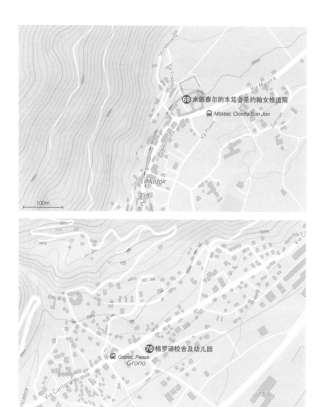

⑥⑨ 米施泰尔的本笃会
圣约翰女修道院
St John's Abbey
Kloster der
Benediktinerinnen
St. Johann

地址：7537 Müstair
类型：宗教建筑
年代：780
备注：muestair.ch

⑦⓪ 格罗诺校舍及幼儿园
Schulhaus und
Kindergarten

建筑师：Raphael Zuber
地址：Comune politico di
6537 Grono
类型：科教建筑
年代：2011

米施泰尔的本笃会
圣约翰女修道院

世界文化遗产，代表卡
洛林王朝基督教革新运
动修道院的典范，保存完
好的 9 世纪壁画。目前
仍作为女修道院运作，庭
院保存着各个历史时期
的建造改造痕迹，完整
展示着修道院的日常生
活。

格罗诺校舍及幼儿园

外圆内方、集中式的平
面布局以及尽可能减少
支撑结构，保证了开敞
的室内空间及灵活性，类
拱形的混凝土柱布置于
各边中心，解放了角部
空间，将楼梯与电梯置
于中央，四个教室对称
地布置于四个角部。

索引・附录 Index / Appendix

按建筑师索引　Index by Architects

注：建筑师姓名顺序按照英文字母顺序排序。

按建筑功能索引　Index by Function

注：根据建筑的不同性质，本书收录的建筑被分成文化建筑、商业建筑、科教建筑、办公建筑、居住建筑、观演建筑、体育建筑、交通建筑、医疗建筑、宗教建筑及其他等11个类型

图片出处　　Picture Resources

注：未注明出处的图片均为作者本人及友人拍摄。

日内瓦州

01
http://www.gvarchi.ch/fr/home/
site/stamp/uLP11OW73ruN3v89
02
http://www.rts.
ch/2014/10/31/10/26/6264585.
image?mw=1920&mh1080
03
http://www.szs.ch/user_content/
editor/files/ECCS%20Steel%20
Award%202013/steeldoc_01_13_m_
brodbeck_03.jpg
04
http://images.adsttc.com/
media/images/53a4/5c41/
c07a/80a3/9300/0028/large_jpg/
PORTADA.jpg?1403280408
05
http://upload.wikimedia.org/
wikipedia/commons/c/c9/United_
Nations_Geneva_2010-07-01.JPG
07
http://gvarchi.ch/fr/home/site/
stamp/51MpUkNGdpynJ7LN
16
http://www.jeannouvel.com/
images/made/mobile/projets/509_
richemont/images/3_AJN_
Geneve_SSRichemont_YvesAndre_
ext_08_600_600_80.jpg

沃州

01
http://www.jantscher.ch/
repository/img-l/k-suard-egl-002-l.
jpg
03
http://architectes.ch/_Resources/
Persistent/f/2/4/5/f245fcd933bf9c07
456795ae3a8d3175a3a10421/-000.
png
04
http://architecturelabuploads.
s3.amazonaws.com/wp-
content/uploads/2014/06/
localarchitecture_chapelle_st_
loup_2.jpg
05
http://afasiaarchzine.com/wp-
content/uploads/2016/04/EM2N-
-Cin%C3%A9matheque-Suisse-.-

Penthaz-6.jpg
06
http://localarchitecture.ch/wp-
content/uploads/2014/06/070717_
Local_Yverdon_14_tt-1170x870.jpg
07https://upload.wikimedia.
org/wikipedia/commons/5/52/
SwissTech_Convention_Center_-_
Sky.png
08
http://images.cdn.baunetz.de/
img/2/0/2/1/8/9/3/DPA-EPFL-
ME_Vincent_Fillon-Dominique_
Perrault_Architecture-Adagp_-395-
VF_1-52b51af4b8280b13.jpeg
12
http://www.archi-
guide.com/PH/SUI/Lau/
LausanneMiroiterieBrauWa.jpg
14
http://3.bp.blogspot.com/-
ahDlp8l1RQk/VCLgGgdlNxl/
AAAAAAABbfU/b1z8QQg6odk/s16
00/2b%2BArchitectes%2B.%2BPasse
relle%2Bde%2Bla%2BSallaz%2B.%2B
Lausanne%2B(8).jpg
16
https://upload.wikimedia.org/
wikipedia/commons/e/eb/Loos6.
JPG
17
http://www.tensinet.com/project_
files/4278/Fig9-IMG_0197.jpg

纳沙泰尔州

10
http://www.gd-archi.ch/wp-
content/uploads/2013/03/k-gd-
pas-b-059web-1280x853.jpg
11
http://images.adsttc.com/
media/images/5005/
dac1/28ba/0d07/7900/1f09/large_
jpg/stringio.jpg?1414435004
12
http://www.urban-pulse.ch/
Studis/02/img/NMC3.jpg
14
http://img.myswitzerland.com/645
853?q=80&w=1920&h=1080&c=fill
16
http://areusedecouverte.ch/
media/maladiere/03.jpg

弗里堡州

03
https://upload.wikimedia.org/
wikipedia/commons/b/b3/
Gutenberg_Museum_Apr_2011.jpg
11
https://upload.wikimedia.org/
wikipedia/commons/5/56/Villars_
Sep_2010.jpg
12
https://upload.wikimedia.org/
wikipedia/commons/5/59/Viaduc_
de_Grandfey,_Fribourg_(FR)_
(13769297734).jpg
14
https://upload.wikimedia.org/
wikipedia/commons/8/8e/
Building_Neueneggstrasse_
Jun_2011.jpg

汝拉州

01
http://www.gvh.ch/modules/
ouvrage/showPhoto.
asp?ID=259&Objectname=_
ouvrage_Fichier&Fieldname=File1

瓦莱州

01
http://4.bp.blogspot.com/-
4bssp0tSrlo/UXpJCle2Hyl/
AAAAAAAAfQc/iJpjkfVpc78/
s1600/Bovernier+School+Extension
+by+Bonnard+Woeffray+Architect
es+03.jpg
02
http://www.thyon.ch/wp-
content/uploads/2012/06/Eglise_
int%C3%A9rieure.jpg
03
https://upload.wikimedia.org/
wikipedia/commons/7/79/
Barrage_de_la_Dixence_et_
l'Eglise_St.-Jean.JPG
04
https://upload.wikimedia.org/
wikipedia/commons/f/f1/Neue_
Monte_Rosa_Huette2.JPG
05
http://images.adsttc.com/media/
images/5012/5852/28ba/0d1b

/4c00/021b/large_jpg/stringio.
jpg?1361277867
06
https://c1.staticflickr.com/5/4007/45
13983627_10cdb94bfd_b.jpg

伯尔尼州

01
http://www.gvh.ch/modules/
ouvrage/showPhoto.
asp?ID=234&Objectname=_
ouvrage_Fichier&Fieldname=File1
02
https://c2.staticflickr.com/6/5046/5
642519051_381d1d1409_b.jpg
03
https://upload.wikimedia.org/
wikipedia/commons/0/0f/
BFH_Biel,_Gebaeude_
Solothurnstrasse_02_09.jpg
04
http://images.adsttc.com/media/
images/519e/a1a3/b3fc/4b10/
be00/0008/newsletter/753275_
Sputnik_Biel_CP_1211_008_HS_
outside_mod.jpg?1369350558
06
http://www.wohnberaterkurs.ch/
gallery/kurslokal/anfahrt-totale-g.
jpg
08
http://www.unige.ch/cuepe/
virtual_campus/module_
landscape/_4_case_studys/pix_
halen/halen_00_big.jpg
09
https://upload.wikimedia.org/
wikipedia/commons/5/5f/
Neubr%C3%BCcke_Westseite.jpg
10
https://upload.wikimedia.org/
wikipedia/commons/b/ba/Bern_
Felsenauviadukt_DSC06194.jpg
15
https://upload.wikimedia.org/
wikipedia/commons/3/3a/
Auguetbr%C3%BCcke.JPG
16
https://upload.wikimedia.org/
wikipedia/commons/thumb/f/
f3/Schwandbachbruecke_02_11.
jpg/1280px-Schwandbachbrue
cke_02_11.jpg

17
http://www.henze-ketterer.
ch/typo3temp/pics/
Kunst-Depot-Helfenstein-
Nordostseite_02_274ba24dbb.jpg
18
https://www.htr.ch/images_
htr/57605_6.jpg
19
https://media.holidaycheck.
com/data/urlaubsbilder/
images/166/1172113075.jpg
20
http://www.mimoa.eu/
images/25250_l.jpg
21
https://upload.wikimedia.org/
wikipedia/commons/6/62/
Handeckfallbr%C3%BCcke_Rolf_
Neeser.JPG

巴塞尔城市州

01
http://www.riehen.ch/leben/
freizeit-und-sport/schwimmen-
riehen/naturbad-am-schlipf
03
http://www.bs.ch/dms/migrated/
medienmitteilungen/2007/6/15/
mm-mm-31836/33766-img-483-f.
jpg/img-483-f.jpg
04
https://architectes.ch/_Resources/
Persistent/e/a/9/7/ea9780184a2
babe66658e76ddbc9860f57ce
7e95/-002.png
05
http://architectes.ch/_Resources/
Persistent/a/e/6/f/ae6fc8b0c5e
d35f467977100df10395f55f195fa/
Stu%CC%88cki_Business_Park_2194-
785x466.jpg
06
http://www.denkmalpflege.bs.ch/
26
https://www.herzogdemeuron.
com/index/projects/complete-
works/026-050/029-apartment-
building-along-a-party-wall/
IMAGE.html
27
http://aronlorincz.com/basel-i

28
https://www.fauteuil.ch/media/
cms_page_media/8/Tabourettli_1_
WEB_1.jpg
32
https://upload.wikimedia.org/
wikipedia/commons/b/bd/SBB_
Basel_(Passarelle).jpg
34
http://dienerdiener.ch/media/
OFF_597_HOC/Diener_0597-
HOC_Administration-Building-
Hochstrasse_Basel_P5919-0114R.jpg
39
http://architekturpreise.ch/image/
rueckblick/08/jury_08_1_gr.jpg

巴塞尔乡村州

01
http://architektur.startbilder.
de/1200/-forschungs-
laborgebaeude-allschwil-
bei-367127.jpg
02
http://static.panoramio.com/
photos/original/46981121.jpg
05
https://c1.staticflickr.
com/7/6074/6136385863_
e94edde0e2_b.jpg
07
http://static.panoramio.com/
photos/original/35950766.jpg

索洛图恩州

02
http://www.heimatschutz.
ch/uploads/media/
foto2_28_06_2008_03.jpg
03
http://images.adsttc.com/media/
images/500e/fe08/28ba/0d0c/
c700/11ad/large_jpg/stringio.
jpg?1414329066
04
https://upload.wikimedia.org/
wikipedia/commons/1/1e/
Monheim_am_Rhein,_
Friedenskirche,_2013-02_CN-01.jpg
05
http://static.panoramio.com/
photos/original/37496978.jpg

06
http://www.ssmarchitekten.ch/tl_
files/Fotos/Projekte/Kulturfabrik%20
Kofmehl%20Solothurn/A16%20
Kofmehl.jpg
08
https://s-media-cache-ak0.pinimg.
com/736x/39/11/84/39118457f147c1
89ae27eec0440ec661.jpg
09
https://c2.staticflickr.com/8/7211/13
974791786_79fe4e5463_b.jpg
10
https://s3-media3.
fl.yelpcdn.com/bphoto/
fooM7O4c8R_8cvdWS3luoQ/o.jpg

卢塞恩州

01http://c1038.r38.cf3.rackcdn.
com/group5/building45635/
media/AFGH%20architekten%20
.%20Lake%20Rotsee%20Refuge%20
.%20Lucerne%20(1).jpg
03
https://image.issuu.
com/090909203850-
c91cf786ae8d4e778f63bfafa491af1
c/jpg/page_1.jpg
05
https://upload.wikimedia.org/
wikipedia/commons/8/88/
Hofkirche_Luzern.JPG
09
http://www.mimoa.eu/
images/7474_1.jpg
14
http://schoenstebauten.
heimatschutz.ch/sites/
default2/files/styles/schoen-
img__newmobile/public/
lu_schoenbuehl_aalto-roth.
jpg?itok=GQjBQ5mh
15
http://designaddicts.com.
au/platform/wp-content/
uploads/2014/09/02_14308PR1
40601-229D.jpg
16
https://upload.wikimedia.org/
wikipedia/commons/a/ad/Luzern_
Meggen_Katholische_Piuskirche_
main.jpg

阿尔高州

01
https://upload.wikimedia.
org/wikipedia/commons/
d/da/Holzbruecke_Bad_
Saeckingen_01_09.jpg
02
https://upload.wikimedia.org/
wikipedia/commons/4/4f/SBB_
Aarebruecke_Koblenz_(AG)_04_
09.jpg
03
https://upload.wikimedia.org/
wikipedia/commons/d/d0/
Rheinbruecke_
Waldshut%E2%80%93Koblenz_01_
09.jpg
14
http://www.hochparterre.ch/
typo3temp/pics/031_3342-1_
a63a296297.jpg
15
http://pfarrei-lenzburg.ch/
wildegg/wp-content/uploads/
sites/3/2015/12/150930_Wildegg_
Aussenaufnahmen-3.jpg
16
http://recherche.bauinfocenter.
ch/document/get/104372/
Aussen_1.jpg/f20c342605959b3e41
8f72e72387fc72/image.jpg
21
http://195.186.85.1/bilder/
referenzen/fassaden/ibb/serie/
ibb2.jpg
24
http://66.media.tumblr.com/b5b7
c34072a64913b1a8c0fa4e7203f5/
tumblr_ntarsibwMs1rx4goto6_1280.
png
25
http://www.twerenbold.ch/
files/3412/6406/4121/terminal8.jpg
26
http://images.adsttc.com/media/
images/5100/498d/b3fc/4b1a/
a500/0025/large_jpg/Limmatsteg_
Flussaufnahme.jpg?1414597238
27
http://www.mlzd.ch/media/
filer/2015/mlzd_emw_mensa_
kantonsschule_wettingen_aussen_
nacht.jpg

28
https://upload.wikimedia.org/
wikipedia/commons/9/92/Wohlen_
Kantonsschule.jpg
29
https://s-media-cache-ak0.pinimg.
com/736x/a0/ec/be/a0ecbe9c648
dc08be4fa78a1f9f22052.jpg

上瓦尔登州

01
http://recherche.bauinfocenter.
ch/document/get/1266/141019_
Sarnen_08.jpg/7acec5f76a1076cf90
714edd7a7fbc4a/image.jpg
02
https://upload.wikimedia.org/
wikipedia/commons/6/65/Sarnen-
Kollegiumskirche.jpg
03
http://www.detail.de/fileadmin/_
migrated/pics/gta_MA-
Panoramagalerie_Pilauts_Kulm.jpg
04
http://a1.images.divisare.
com/image/upload/c_fit,f_
jpg,q_80,w_1200/v1458053359/
wud0lw1emhsls2os4dez.jpg
05
http://www.swiss-architects.com/
files/projects/45793/images/
Abbildung1.jpg
06
http://67.media.tumblr.com/fe57
6f0d2c8a0f6cffb31046d54ff8db/
tumblr_njxqgoakq61qzglyyo1_1280.
jpg

下瓦尔登州

01
https://upload.wikimedia.org/
wikipedia/commons/1/1e/2015-
Hergiswil-NW-Schulhaus-Matt.jpg
02
http://recherche.bauinfocenter.ch/
document/get/7093/image6754.jp
g/918afcc6f159db8a4aa652d3655d
2582/image.jpg
03
http://www.oberdorf-nw.ch/
de/images/47adcd87eaae2.
jpg?jsWidth=600&jsHeight=450

04
https://upload.wikimedia.org/
wikipedia/commons/f/f4/2015-
Ennetbuergen-Honegg.jpg

沙夫豪森州

01
https://upload.wikimedia.org/
wikipedia/commons/9/99/
Schaffhausen_vom_Munot_
Allerheiligen_und_M%C3%BCnster.
jpg
02
https://upload.wikimedia.org/
wikipedia/commons/7/71/
Schaffhausen_-_Munot_-_
Feuerthalen_IMG_9843.JPG
03
http://www.schulen-stadtsh.
ch/dimages/0/0/@1475x340-c/
P9916c2d8d1.jpg

乌里州

04
http://static.panoramio.com/
photos/original/4842865.jpg
06
http://www.gerach.ch/uploads/
tx_refobjects/067-1-germann-
achermann-personalhaus-
gotthardraststaette-uri.jpg
07
http://www.urnerwochenblatt.
ch/sites/uw/
files/0.65021600_1463138896.jpg
08http://www.beobachter.
ch/typo3temp/pics/
Kirchenarchitektur03_8f060e4bc8.
jpg

苏黎世州

04
http://www.si-medien.ch/uploads/
tx_fmmediadb/Bild_022.jpg
05
https://upload.wikimedia.org/
wikipedia/commons/0/03/
Technorama.jpg
06
https://upload.wikimedia.org/
wikipedia/commons/6/67/

Flughafen_Z%C3%BCrich_-_
Night_-_01.jpg
07
http://www.opfikon.ch/de/
images/a06f5b33c924c.
jpg?jsWidth=600&jsHeight=400
10
https://upload.
wikimedia.org/wikipedia/
commons/5/5d/MFO-Park_
Oerlikon_2010-10-03_14-24-08.JPG
12
http://www.richti.ch/assets/img/
gallery/richti-areal_buerohaus_
allianz_01.jpg
13
http://www.richti.ch/assets/img/
richti-home-1.jpg
14
http://www.spaltensteinholzbau.
ch/images/uploads/webseite/22/
img_0261__xl.jpg
15
https://upload.wikimedia.org/
wikipedia/commons/thumb/6/65/
FC_im_Winter_01.JPG/1024px-FC_
im_Winter_01.JPG
18
https://www.ethz.ch/content/
specialinterest/chab/hci-shop/
en/ueber-uns/jcr:content/image.
imageformat.carousel.657520099.
png
22
http://images.adsttc.com/
media/images/5380/dcad/
c07a/8094/6d00/032b/large_
jpg/147_FOT_03_%C2%A9Roger_
Frei.jpg?1400953980
31
https://s-media-cache-ak0.pinimg.
com/originals/f3/c7/47/f3c7473b1d
d6727e4d27dc1017e9275a.jpg
32https://upload.wikimedia.
org/wikipedia/commons/4/43/
Letzigrund_Zuerich.jpg
35
https://upload.wikimedia.
org/wikipedia/commons/b/
b3/Riff_Raff_Z%C3%BCrich_-_
August_2008_-_Bild_3.JPG
38
http://concretag.ch/cms/upload/
references_nav/Jelmoli/96-Jelmoli-

1200x1000.jpg
39
http://www.wicona.com/
globalassets/upload/wicona_uk/
case-studies/tamedia/wicona-
tamedia-137.jpg
43
https://upload.wikimedia.org/
wikipedia/commons/8/82/
Museum_Rietberg_%26_Villa_
Wesendonck_2011-08-15_16-39-08.
JPG
45
http://images.adsttc.com/
media/images/50ae/531b/
b3fc/4b27/8500/007a/large_
jpg/483944604.jpg?1361392992
46
http://www.architecturalrecord.
com/ext/resources/Issues/2016/
Nov/projects/1611-Projects-
Landmarks-Christ-Gantenbein-
Zurich-Extension-of-the-Swiss-
National-Museum-05.jpg
48
https://upload.wikimedia.org/
wikipedia/commons/2/22/
ETH_Z%C3%BCrich_-_
Hauptgeb%C3%A4ude_-_
Polyterasse_2012-09-27_14-40-49_
ShiftN.jpg
49
https://upload.wikimedia.org/
wikipedia/commons/thumb/4/4a/
ZweifelSchwesternwohnheim01.
jpg/893px-ZweifelSchwesternwohn
heim01.jpg
52
https://s-media-cache-ak0.pinimg.
com/736x/ab/21/70/ab2170fee42f0
8e3d12c2333611838e5.jpg
54
http://dahinden-architekten.ch/
cms/fileadmin/images/trigondorf/
Trigondorf-Foto_1.jpg
57
http://cdn2.world-architects.
com/files/projects/45697/images/
Elefantenhaus03.jpg
58
http://img.fifa.com/mm/photo/
affederation/footballgovernan
ce/02/58/08/88/2580888_full-lnd.
jpg

59
http://www.e-architect.co.uk/
images/jpgs/switzerland/cocoon_
ce141008_1.jpg
60
https://www.mimoa.eu/
images/12103_l.jpg
61
http://upload.wikimedia.org/
wikipedia/commons/5/5a/
Reformierte_Kirche_Effretikon,_Reb
buckstrasse_2011-09-07_18-22-00_
ShiftN.jpg
62
http://65.media.tumblr.com
/4b2c227e659f8b8eb2e080
68320250f0/tumblr_inline_
nntkagYLOM1qkukxg_500.jpg
63
http://images.adsttc.com/media/
images/5013/6a5d/28ba/0d0e/
f000/1267/large_jpg/stringio.
jpg?1361111569
64
http://cdn2.world-architects.
com/files/projects/31187/images/
Abbildung1.jpeg
65
http://www.e-architect.co.uk/
images/jpgs/switzerland/daniel_
swarovski_corporation_w210911_3.
jpg
66
https://bestarchitects.de/lib/
Gewinner/2013/offentliche/467_13.
jpg
67
http://tuchschmid.ch/wp-content/
gallery/tuchschmid_grueningen/
tuchschmid_grueningen_4.jpg

施维茨州

01
https://upload.wikimedia.org/
wikipedia/commons/f/f0/Kloster_
Einsiedeln_IMG_8237_ShiftN.jpg
02
http://www.marchanzeiger.
ch/var/upload/newsticker/
image/2133_640.jpg

提契诺州

01
https://szenografans.files.
wordpress.com/2013/01/06_sasso.
png
02
https://upload.wikimedia.org/
wikipedia/commons/a/a6/Altes_
Hospiz_am_Gotthardpass_nach_
dem_Umbau_durch_Miller_%26_
Maranta_Architekten_2012.JPG
03
http://f.hikr.org/files/487888.jpg
07
http://raffaelecavadini.ch/public/
projects/img11/1.jpg
08
http://raffaelecavadini.ch/public/
projects/img7/1.jpg
09
http://www.laregione.ch/sites/
default/files/uploads/files/2016/04/
TiPress_270941.jpg
11
http://www.jennawelzel.de/
tl_files/welzel/news-welzel/
Bundesstrafgericht_Bellinzona_
Bearth_Deplazes_Durisch_Nolli.jpg
13
https://upload.wikimedia.org/
wikipedia/commons/e/ec/
Montebello_Castle_Aerial.jpg
14
https://upload.wikimedia.org/
wikipedia/commons/6/61/
Bellinzona_Castello_di_Sasso_
Corbaro.jpg
22
https://s-media-cache-ak0.pinimg.
com/736x/05/f0/6d/05f06d7e4e7f0
93668588250877061b9.jpg
24
http://fondazionearp.ch/images/
large/au1408_201_Locarno_006.
jpg
25
https://upload.wikimedia.org/
wikipedia/commons/9/9c/
Madonna_del_Sasso.JPG
26
http://img.myswitzerland.com/
mys/n64480/images/buehne/
immagine-2.jpg

27
http://www.kobe-du.ac.jp/env/
kawakita/SwissArchitecture/
C-Ticino/WA-Locarno/A-Locarno/
Individual%20Pages/Palazzo%20
delle%20poste.jpg

28
http://www.andreotti.ch/index.
php?option=com_datsogallery&vi
ew=sbox&catid=11&id=22&format
=raw

29
http://www.moroemoro.ch/sites/
default/files/022/viste//r-fin_0135.
jpg

30
http://www.kobe-du.ac.jp/env/
kawakita/SwissArchitecture/
C-Ticino/WA-Locarno/A-Locarno/
Individual%20Pages/Scuola%20
media.jpg

31
https://rpmedia.radiopilatus.ch/me
dia/1/162594_27-09-2014_09-34-46_
large.jpg

32
https://upload.wikimedia.org/
wikipedia/commons/6/68/CASA_
KALMAN.jpg

36
http://raffaelecavadini.ch/lib/img/
dot.gif

38
https://s-media-cache-ak0.pinimg.
com/564x/41/b3/fc/41b3fc2db55e8
427c2a31b100e2ab8a1.jpg

39
https://s-media-cache-ak0.pinimg.
com/736x/c7/7d/4e/c77d4e0b8c4f
848e0edfd1207aa05cff.jpg

40
https://encrypted-tbn2.gstatic.
com/images?q=tbn:ANd9GcTrkG
QGOozRPFzACaLSYS8rBJ2AMCOS
DJ18NpP_NF9UaY7_mppZVvSphlU

41
http://www.sbt.ti.ch/all/
home/11691.jpg

46
https://upload.wikimedia.org/
wikipedia/commons/7/7e/
Lugano_-_Biblioteca_cantonale.
jpg

47
http://www3.ti.ch/DECS/sw/temi/
scuoladecs/files/private/image/
jpeg/12763_5623_2009-11-26.jpg

48
http://afasiaarchzine.com/wp-
content/uploads/2016/02/Bruno-
Fioretti-Marquez-.-Kindergarten-.-
Lugano-1.jpg

50
http://www.agendalugano.ch/
system/images/files/000/019/481/
original/a_17db422cedd4c6ab9f5d
1cb6dad7226f.jpg?1463000533

54
https://c2.staticflickr.com/4/3493/3
703092025_64dae50f51_b.jpg

55
http://farm2.static.flickr.
com/1125/1396451458_af6362f3cd.
jpg

58
http://www.schindler.com/
content/swiss/internet/
de/mobilitaetsloesungen/
gebaudetyp/einkaufszentren-
und-detailhandel_jcr_content/
contentPar/textimage_5/image.
spooler.textImageBig.628.
jpg/1429162238756.jpg

格拉鲁斯州

03
http://schweizblog.ch/wp-
content/uploads/2010/04/
Kunsthaus-Glarus-g-Kunstmuseum_
Glarus.jpg

图尔高州

01
https://upload.wikimedia.org/
wikipedia/commons/0/06/
Kreuzlingen_-_Schloss_Seeburg_
(1)_(9524028726).jpg

02
http://upload.wikimedia.org/
wikipedia/commons/1/16/
Augustinerstift.jpg

03
https://pixabay.com/static/
uploads/photo/2013/12/28/19/51/
water-castle-

hagenwil-234842_960_720.jpg
05
https://upload.wikimedia.org/
wikipedia/commons/a/a6/
Arbon_4022098B.jpg

圣加仑州

01
http://www.piusvollenweider.ch/
sites/default/files/styles/large/
public/projects/stadtmuseum-2_0.
jpg?itok=iHNWKnpt
02
https://upload.wikimedia.org/
wikipedia/commons/1/17/Jona_
(SG)_-_Strandbad_Stampf_
IMG_1922_ShiftN.jpg
03
http://www.landezine.com/wp-
content/uploads/2011/06/Tree-
museum-Enea-Garden-design-13.
jpg
04
https://img.kaileswork.net/Kerez-
Eschenbach_School/keres_
school02.jpg
11
http://static.panoramio.com/
photos/original/20529748.jpg
14
http://www.meierhug.ch/
media/projects/naturmuseum-
stgallen/160512_3.jpg
15
http://www.iconeye.com/
images/2014/10/ADA_Thal_
Schule_1.jpg
16
http://www.designerhk.com/
sites/designerhk.com/files/field_
image/2012/Jansen-Campus-2.jpg
17
https://s-media-cache-ak0.pinimg.
com/736x/d1/4c/c5/d14cc5884c83
db6fb9135dc1e9aa14a8.jpg
21
http://static.panoramio.com/
photos/large/33980176.jpg

(内 / 外) 阿彭策尔州

02
http://img.myswitzerland.com/

mys/n64454/images/buehne/
urnaesch_fd_aso_40.jpg

格劳宾登州

01
http://www.juenglinghagmann.
ch/uploads/pictures-w620-h400/
tk_2_.jpg
05
https://www.mimoa.eu/
images/11719_l.jpg
12
http://40.media.
tumblr.com/tumblr_
m1zumcxPo41qat99uo1_500.jpg
15
https://www.mimoa.eu/
images/17919_l.jpg
17
http://3.bp.blogspot.
com/_6zEXhdzPpHk/Swgws_blpWl/
AAAAAAAAAKc/hhcZ0DUQwmY/
s1600/IMG_3065.JPG
20
https://www.google.ch/url?sa=i
&rct=j&q=&esrc=s&source=ima
ges&cd=&cad=rja&uact=8&ve
d=0ahUKEwjW6arnpNrPAhXBW
BoKHT4zBFMQjRwIBw&url=http%
3A%2F%2Fwww.myswitzerland.
com%2Fen%2Fmoderne-giger-bar-
chur.html&psig=AFQjCNFcL3m-
cRPYQiPVkWUv-yzK3nQGmg
&ust=1476534084328
389
22
http://www.adgnews.com/
fotos/209/jpg/lehrseminar_2.jpeg
24
http://images.nzz.ch/eos/v2/
image/view/620/-/text/inset/
b42be416/1.18138968/1377462939/
caminada-original.jpg
26
http://images.adsttc.com/
media/images/5296/0f0b/
e8e4/4ed1/2600/008f/large_jpg/
felipe2.jpg?1385565931
29
http://1.bp.blogspot.com/_
NQ_Qdpp-7ro/SudqlKhLWGl/
AAAAAAAADBA/h_sXVSmZZ0Q/

w1200-h630-p-nu/20091025Studio+
Olgiati(Office+Building)1.jpg
30
https://s-media-cache-ak0.pinimg.
com/originals/b3/4a/74/b34a74c0
b8fa2ab00cc9e51934cf6724.jpg
32
https://s-media-cache-ak0.pinimg.
com/736x/4f/be/54/4fbe54c4aed6
bc3e31354e46372b7a2a.jpg
33http://image.tomas.travel/tds/
repository/TDS00020010480814171/
TDS00020010000158950/
TDS00020010683415786.jpg
52
https://www.mimoa.eu/
images/11768_l.jpg
54
https://upload.wikimedia.org/
wikipedia/commons/thumb/b/bf/
Soliser_Viadukt_01_09.jpg/800px-
Soliser_Viadukt_01_09.jpg
55
https://upload.wikimedia.org/
wikipedia/commons/e/ee/
Langwieserviadukt4.jpg
56
https://www.mimoa.eu/
images/3914_l.jpg
57
https://upload.wikimedia.
org/wikipedia/commons/f/ff/
Bergoase2.jpg
58
https://upload.wikimedia.org/
wikipedia/commons/1/1a/
Sunnibergbruecke_sued.jpg
59
https://upload.wikimedia.org/
wikipedia/commons/4/4e/
Davos_-_InterContinental.jpg
60
https://c2.staticflickr.
com/2/1398/538845002_22074d870
e_b.jpg
62
http://data.heimat.de/pics/7/5/
e/2/b/adr_75e2baf2b8b8dbb3693
0d2c64e72d066.jpg
63
http://bearth-deplazes.ch/wp-
content/uploads/Front-Ovaverva.
jpg

64
http://s3.amazonaws.com/medias.
photodeck.com/4ac844c2-cfff-
11e2-9e98-d9a8a06fce78/chesa_
futura_003_MG_5680_uxga.jpg
65
https://upload.wikimedia.
org/wikipedia/commons/
b/b2/RhB_Ge_4-4_lll_
UNESCO_Weltkulturerbe_auf_
Landwasserviadukt.jpg
66
https://www.mimoa.eu/
images/14883_l.jpg
67
http://www.archello.com/sites/
default/files/imagecache/media_
image/story/media/1308560496_2.
jpg
70
http://www.architektur-schweiz.
ch/media/cache/news/raphael_
zuber_large_image.jpg

———— 后记 Postscript

本书的出版得到了许多朋友的帮助。首先感谢我的同门师兄，北京交通大学王鑫老师的推荐，他亦为本书的资料做了艰苦卓绝的前期收集整理工作。感谢资料收集中，曹梦醒、Ekkachan Eiamananwattana、Jung Eunyoung 提供的宝贵资料和线索，感谢清华大学的陈瑾羲、韦诗誉、孟凡磊的文字资料作为参考，感谢 Winkelriedhaus 博物馆的赠书。在考察瑞士建筑的过程中，也得到了许多人的热心帮助和陪伴，在此感谢好友王逸凡、查迪、康博雅、李蔚、白旸，时思芄、杨诗雨、于淼、王瑶、曾智宇、何昱飞、郝秋实、陈辰等对我的帮助，感谢洛桑的 Tim Pham 一家的留宿。感谢东南大学鲍莉老师、东华大学朱槿老师、以及刘珩老师的支持与指导。

另外特别感谢中国建筑工业出版社的刘丹、张明编辑等在本书的编排和校对中付出的辛勤劳动，他们精益求精、不放过一丝纰漏的工作态度令人起敬。

最后感谢一直在背后支持我的家人，感谢我的导师单军教授，Prof. Hubert Klumpner, Prof. Alfredo Brillembourg，感谢工作室的同事们。

瑞士建筑是一座无尽的宝库，本书定不敢妄称涵盖其全部，若有浅薄遗漏之处，请读者们多包涵。

张博
2017 年秋

张博
Zhang Bo

1989年生于辽宁本溪
清华大学建筑学本科
清华大学建筑学硕士
瑞士苏黎世联邦理工学院建筑与城市设计博士
研究方向：城市非正规性